新编21世纪物理学系列教材

计算物理学

Computational Physics

李茂枝　季　威　郭　茵　卢仲毅　编著

中国人民大学出版社
·北京·

内容简介

本书的主要内容包括常微分方程和偏微分方程的数值求解、分子动力学方法、蒙特卡罗方法以及有限元方法。本书侧重与物理学科联系较为紧密的数值计算和模拟方法，包括微分方程的数值解、分子动力学和蒙特卡罗模拟等，重点讲解如何从数值模拟出发，思考、研究和解决物理问题，使学生初步理解计算物理的精髓，掌握计算物理的研究方法和思路。

作者简介

李茂枝 中国人民大学物理学系教授，博士生导师。2001年于中国科学院物理研究所获得理学博士学位。2007年10月加入中国人民大学物理学系。主要从事合金液体和非晶合金的微观结构表征、动力学、力学性质以及玻璃转变机制等的理论分析和计算模拟研究。长期教授本科生专业核心课《热力学与统计物理》和《计算物理》。

季　威 中国人民大学物理学系教授，博士生导师。2010年进入中国人民大学物理学系工作，主要从事低维量子材料和信息功能器件表界面的理论模拟研究。先后主讲过6门本科生课程和4门研究生课程；指导了30余篇本科生毕业论文和10余篇博士学位论文。两次入选国家级高层次人才年度奖励项目（2015、2021），获得北京市高等学校青年教学名师奖（2022）。

郭　茵 中国人民大学物理学系教授。1992年在美国马里兰大学物理系获博士学位。1993年起在美国俄克拉何马州立大学工作，先后在物理系任客座助理教授、助理教授、客座副教授。主要从事多原子系统中计算方法的发展和应用的研究。

卢仲毅 中国人民大学物理学系教授，主要研究凝聚态物质的电子结构和计算方法的发展，曾获国家杰出青年科学基金项目资助，中国物理学会叶企孙物理奖、教育部自然科学奖一等奖和国家自然科学奖二等奖。

前言

计算物理学是以计算机及技术为工具和手段，应用适当的数学方法，对物理、材料、化学、生物等领域的问题进行数值分析和理论研究，对物理过程进行数值模拟的一门新兴学科，是物理、数学、计算机应用三者结合的产物。在过去的三四十年里，随着计算方法和计算机性能的快速发展，计算物理也得到了快速发展，已经成为物理学的第三大分支，成为与实验物理和理论物理并重的二级学科，对建立理论框架、解释实验发现和预测新现象、新材料等至关重要。计算物理学也是当前支撑物理学及其交叉学科发展的重要支柱，已经在化学、材料、信息、生物、经济、社会等领域得到广泛的应用，极大地促进了前沿交叉学科领域的发展。

党的二十大报告指出，教育是国之大计、党之大计。坚持以人民为中心发展教育，加快建设高质量教育体系。加强基础学科、新兴学科、交叉学科建设，加快建设中国特色、世界一流的大学和优势学科。我国计算物理学的发展得益于计算物理人才的培养。2004 年，教育部高等学校物理学与天文学教学指导委员会建议将计算物理学课程作为物理学和应用物理学本科生的必修课。在此基础上，国内许多高校都在与物理学相关的人才培养方案中将计算物理学列为本科生的必修课，为计算物理学的发展奠定了坚实的人才基础，推动了我国计算物理学科以及相关前沿交叉学科的建设和发展。中国人民大学物理系在建系之初就非常重视计算物理学科的发展和人才培养。物理系不仅建立了计算物理方法及应用、材料计算与物质模拟等与计算物理学相关的研究团队，还将与计算物理学相关的知识和方法分为四个层次：（1）计算机基础及程序设计；（2）基本的数值分析方法，如插值拟合、优化、数值微分和积分、矩阵特征值计算、方程组的数值求解等；（3）基本的计算物理方法，如微分方程的数值求解、分子动力学和蒙特卡罗模拟方法等；（4）更高级的涉及量子多体计算的内容和方法，如数值重整化群、量子蒙特卡罗、动力学平均场理论、第一性原理计算等。将这些知识和方法纳入一个统一的框架下，形成了一套包括计算机基础和程序设计、数值方法、计算物理和高等计算物理等四门课程的完整的计算物理学的知识体系，并制订了相应课程的教学大纲，使得本科生从入学初始就从最基本的计算机基础和程序设计出发，由浅入深，逐步完成计算物理学相关知识体系的学习、构建和训练。

党的二十大报告指出，深入实施科教兴国战略，强化现代化建设人才支持。而加强教材建设和管理是其中一个重要环节。本书是在中国人民大学物理系计算物理学课程讲义的基础上，参考国内外优秀的计算物理学教材编写而成的。按照中国人民大学物理系计算物理学课程教学体系的设置，本书重点关注与物理学科联系较为紧密的基本数值计算和模拟方法，包括微分方程的数值解、分子动力学方法和蒙特卡罗方法等，重点讲解如何从数值模拟出发，思考、研究和解决物理问题，使学生初步理解和掌握计算物理学的研究方法和思路。全书共分为五章，第一章和第二章介绍常微分方程和偏微分方程的数值求解，包括初值问题和边值问题。第三章和第四章分别介绍分子动力学方法和蒙特卡罗方法，包括基本思想、算法以及应用等。第五章简要介绍有限元方法，包括有限元方法的发展历史、基本思想及实现过程。本书更注重物理问题的研究、分析和解决，适合已经具备一定的编程知识、技能和基本数值方法的高等院校理工院系本科三、四年级的学生，以及从事计算物理相关研究工作的低年级研究生研读和学习。

本书基于多年来数值方法和计算物理学课程讲义的撰写和修改，同时从国内外优秀的计算物理学教材和经典书籍以及文献中汲取了丰富的知识和有价值的素材。在此对相关作者表示诚挚的敬意。同时，衷心感谢中国人民大学出版社给予的大力支持。

由于编著者水平有限，书中错误和疏漏之处在所难免，恳请读者不吝批评指正。

目录

第一章

常微分方程的数值求解方法

1.1 引 言

微分方程通常是指包含自变量、未知函数及未知函数的导数或微分的方程。而常微分方程指的是仅含有一个自变量的微分方程；偏微分方程则指的是自变量的个数为两个或两个以上的微分方程。微分方程中出现的未知函数最高阶导数的阶数称为微分方程的阶数。如果未知函数 y 及其各阶导数 y'，y''，…，$y^{(n)}$ 都是一次的，则称为线性微分方程，否则称为非线性微分方程。

许多物理、工程等问题最终都可以归结为微分方程。例如，在经典力学中，物体（或粒子）的运动可以使用牛顿方程来描述，而牛顿方程就是一个二阶常微分方程；在量子力学中，微观粒子的运动满足薛定谔方程，而薛定谔方程就是一个偏微分方程。此外，描述电磁场基本规律的麦克斯韦方程组也是一组偏微分方程。因此，微分方程的求解对解决物理和工程问题至关重要。

在高等数学中，对常微分方程给出了一些典型的常微分方程的解析解的基本求法，如分离变量法、常系数齐次线性方程的解法、常系数非齐次线性方程的解法等。但是，能够解析求解的常微分方程非常有限，大多数常微分方程不可能给出解析解。例如

$$y' = x^2 + y^2$$

是一个一阶常微分方程，但该方程的解不能用初等函数及其积分来表达。

多体运动问题是物理研究中的一个普遍问题。设有 n 个物体（粒子）在静电场或引力场中运动，因而有 $6n$ 个未知变量 x_i（坐标）和 v_i（速度）（$i=$

1，2，3，…，n)。根据牛顿定律或库仑定律，这些变量应该满足 $6n$ 个一阶常微分方程组

$$\begin{cases} \dfrac{\mathrm{d}x_i}{\mathrm{d}t} = v_i \\ \dfrac{\mathrm{d}v_i}{\mathrm{d}t} = \sum\limits_{j=1}^{n} \dfrac{e_i e_j}{m_i} \cdot \dfrac{x_i - x_j}{|x_i - x_j|^3} \end{cases}, \quad i = 1,2,\cdots,n$$

式中，m_i 是物体（或粒子）i 的质量；e_i 是在静电场中粒子 i 的电荷，在引力场中表示为 $e_i = m_i\sqrt{-G}$。事实上，当 $n \geqslant 3$ 时，无法得到该常微分方程组的解析解。如何对该常微分方程组进行精确的数值求解是深刻认识多体运动问题的重要方法和手段。

根据常微分方程的定解条件，常微分方程可分为初值问题和边值问题。如果定解条件是描述函数在初始点的状态，则称为初值问题。一个典型的常微分方程初值问题的形式如下：

$$\begin{cases} \dfrac{\mathrm{d}y}{\mathrm{d}t} = f(t,y), \quad a \leqslant t \leqslant b \\ y(a) = y_0 \end{cases}$$

具有以下形式的常微分方程及定解条件

$$\begin{cases} y''(t) = f(t,y(t),y'(t)), \quad a \leqslant t \leqslant b \\ y(a) = y_a, y(b) = y_b \end{cases}$$

则称为常微分方程的边值问题。

本章将着重讨论一阶常微分方程的初值问题和二阶常微分方程的边值问题。对于常微分方程组和高阶常微分方程，其数值求解的基本思想与一阶常微分方程的初值问题是一致的。

1.2 常微分方程初值问题的数值求解

对于常微分方程

$$\begin{cases} \dfrac{\mathrm{d}y}{\mathrm{d}t} = f(t,y), \quad a \leqslant t \leqslant b \\ y(a) = y_0 \end{cases} \tag{1.1}$$

其初值问题就是要在区间 $[a, b]$ 上的若干离散点 $a = t_0 < t_1 < \cdots < t_n = b$ 处分别计算函数 $y(t)$ 的近似值 y_0，y_1，…，y_n。区间内的离散点可以表示为

$t_k=t_{k-1}+h_k$（$k=1, 2, \cdots, n$），其中，h_k 是 t_{k-1} 和 t_k 之间的步长，均为正数。在数值计算过程中，步长 h_k 是可变的。

由此可见，常微分方程数值求解的基本出发点就是将求解区间离散化。实际计算过程中，通常选取求解区间 $[a, b]$ 的等分点作为离散点，即将求解区间 n 等分，步长为 $h=\frac{b-a}{n}$，这样就可以得到如下 $n+1$ 个等分离散点：

$$t_k = a + kh, \quad k = 0,1,\cdots,n \tag{1.2}$$

由于常微分方程数值求解是找出解 $y(t)$ 的近似值，因此可以假设函数是光滑的，并且解 $y(t)$ 在区间 $[a, b]$ 上是存在且唯一的。

1.2.1　欧拉方法

欧拉（Euler）方法是一种最基础、最简单的常微分方程初值问题的数值求解方法，由于其反映出了很多复杂方法的基本特征，因此被广泛应用于常微分方程数值解的求解。

根据计算方法的不同，欧拉方法可以分为以下三种。

（1）欧拉方法。

根据当前点的函数值和导数值计算后一个点的函数值，即

$$\begin{cases} y_{k+1} = y_k + hf(t_k, y_k), \quad k = 0,1,\cdots,n-1 \\ y(t_0) = y_0 \end{cases} \tag{1.3}$$

（2）后退欧拉方法。

根据当前点的函数值和后一个点的导数值来计算后一个点的函数值，即

$$\begin{cases} y_{k+1} = y_k + hf(t_{k+1}, y_{k+1}), \quad k = 0,1,\cdots,n-1 \\ y(t_0) = y_0 \end{cases} \tag{1.4}$$

可以看出，该方法是隐式方程，不能直接计算出后一个点的函数值，通常需要迭代求解。

（3）改进欧拉方法。

也称为梯形方法，利用梯形公式进行数值求解，即

$$\begin{cases} y_{k+1} = y_k + \frac{h}{2}[f(t_k, y_k) + f(t_{k+1}, y_{k+1})], \quad k = 0,1,\cdots,n-1 \\ y(t_0) = y_0 \end{cases} \tag{1.5}$$

该方法也是隐式方程，需要迭代求解。

下面分别采用化导数为差商、数值积分法、泰勒（Taylor）展开法三种数值求解法来推导以上三个公式。

（1）化导数为差商。

根据导数的定义

$$y' = \lim_{h\to 0}\frac{y(t_k+h)-y(t_k)}{h} \tag{1.6}$$

t_k 处的导数可以近似表示为

$$y'(t_k) \approx \frac{y_{k+1}-y_k}{h} \tag{1.7}$$

因此，方程（1.1）可以表示为

$$\frac{y_{k+1}-y_k}{h} = f(t_k, y_k),\quad k=0,1,\cdots,n-1 \tag{1.8}$$

这样就可以得到欧拉公式（1.3），即

$$\begin{cases} y_{k+1} = y_k + hf(t_k, y_k), \quad k=0,1,\cdots,n-1 \\ y(t_0) = y_0 \end{cases} \tag{1.9}$$

如果把 t_{k+1} 处的导数近似表示为

$$y'(t_{k+1}) \approx \frac{y_{k+1}-y_k}{h} \tag{1.10}$$

可得

$$\frac{y_{k+1}-y_k}{h} = f(t_{k+1}, y_{k+1}),\quad k=0,1,\cdots,n-1 \tag{1.11}$$

这样就可以得到后退欧拉公式（1.4）。

（2）数值积分法。

微分方程 $\frac{\mathrm{d}y}{\mathrm{d}t}=f(t,y)$ 可以表示为

$$\mathrm{d}y = f(t,y)\mathrm{d}t$$

在各个小区间 $[t_k,\ t_{k+1}]$ 上对上式进行积分可得

$$\int_{y_k}^{y_{k+1}}\mathrm{d}y = \int_{t_k}^{t_{k+1}} f(t,y)\mathrm{d}t,\quad k=0,1,\cdots,n-1 \tag{1.12}$$

即

$$y_{k+1}-y_k = \int_{t_k}^{t_{k+1}} f(t,y)\mathrm{d}t,\quad k=0,1,\cdots,n-1$$

t_{k+1}点的函数值可以表示为

$$y_{k+1} = y_k + \int_{t_k}^{t_{k+1}} f(t,y)\mathrm{d}t,\quad k=0,1,\cdots,n-1 \tag{1.13}$$

式中，$\int_{t_k}^{t_{k+1}} f(t,y)\mathrm{d}t$ 可用数值积分法得到。如果采用矩形公式进行数值积分，那么积分可以分别表示为

$$\int_{t_k}^{t_{k+1}} f(t,y)\mathrm{d}t \approx hf(t_k,y_k) \tag{1.14}$$

$$\int_{t_k}^{t_{k+1}} f(t,y)\mathrm{d}t \approx hf(t_{k+1},y_{k+1}) \tag{1.15}$$

这样就可以分别得到欧拉公式（1.3）和后退欧拉公式（1.4）。可以看出，仅需要一个导数值就可采用矩形公式进行数值积分。

如果采用梯形公式进行数值积分，那么积分可以表示为

$$\int_{t_k}^{t_{k+1}} f(t,y)\mathrm{d}t \approx \frac{h}{2}[f(t_k,y_k)+f(t_{k+1},y_{k+1})] \tag{1.16}$$

这样就可以得到改进欧拉公式，即

$$\begin{cases} y_{k+1} = y_k + \dfrac{h}{2}[f(t_k,y_k)+f(t_{k+1},y_{k+1})], \quad k=0,1,\cdots,n-1 \\ y(t_0) = y_0 \end{cases} \tag{1.17}$$

（3）泰勒展开法。

利用泰勒公式将 $y(t_k+h)$ 展开为

$$y(t_k+h) = y(t_k) + hy'(t_k) + \frac{h^2}{2!}y''(t_k) + \cdots \tag{1.18}$$

这里

$$y'(t_k) = f(t_k,y_k)$$

$$y''(t_k) = f_t'(t_k,y_k) + f_y'(t_k,y_k)y'(t_k)$$

如果只取式（1.18）的前两项，即

$$y(t_k+h) \approx y(t_k) + hy'(t_k)$$

这样就可得欧拉公式（1.3）。

从以上的推导可以看出，对于常微分方程 $y'=f(t,y)$（$a\leqslant t\leqslant b$），导数值 $f(t,y)$ 在平面（t,y）（$a\leqslant t\leqslant b$，$-\infty<y<+\infty$）内确定了一个向量场，而常微分方程初值问题的数值求解则相当于从初值点（$t=a$，$y=y_0$）出发确定一条曲线，该曲线上每一点的切线方向与已知向量场在该点的方向一致。由于求解区间的离散化，在每一个小区间都将得到一条线段，这些线段最终形成一条折线，欧拉方法就是以这样的折线来逼近常微分方程的准确解，因此也被称为折线法，如图 1.1 所示。随着步长的减小，折线将变得越来越光滑，并接近真实解。

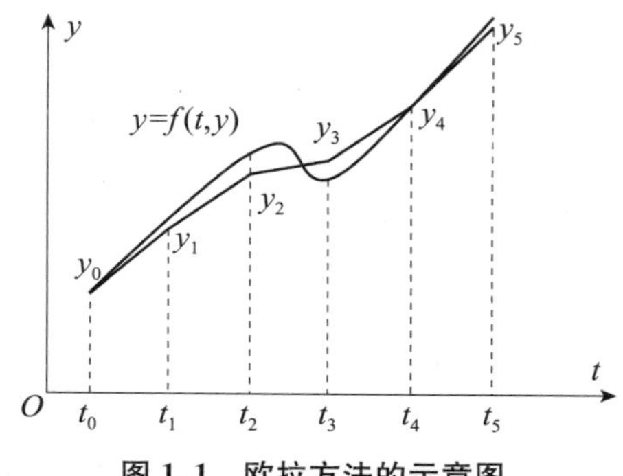

图 1.1　欧拉方法的示意图

1.2.2　常微分方程数值解的稳定性

从欧拉公式可以看出，在常微分方程初值问题的数值求解过程中，每一步的计算都包含了前一步的计算结果，前面的计算误差将会影响后面的数值计算结果，所以需要对数值求解方法的误差进行系统分析，考察计算过程的误差积累会不会掩盖真实解，这就是常微分方程数值解的稳定性问题。对所采用的数值方法进行稳定性分析，确定其稳定性区域，保证该方法得到的数值解是合理的。

首先对数值方法进行误差分析。以欧拉方法为例，其误差可以表示为

$$e_k = y(t_k) - y_k, \quad k = 0,1,\cdots,n \tag{1.19}$$

上式称为总体截断误差。将 $y(t_{k+1})$ 在 t_k 处进行泰勒展开

$$y(t_{k+1}) = y(t_k + h) = y(t_k) + hf(t_k, y(t_k)) + \frac{h^2}{2}y''(\zeta_k),$$
$$t_k < \zeta_k < t_{k+1} \tag{1.20}$$

这里定义局部截断误差为

$$\begin{aligned} T_{k+1} &= y(t_{k+1}) - [y(t_k) + hf(t_k, y(t_k))] \\ &= \frac{h^2}{2}y''(\zeta_k), \quad t_k < \zeta_k < t_{k+1} \end{aligned} \tag{1.21}$$

假设 $y(t)$ 在 $[a, b]$ 上充分光滑，令 $M = \max\limits_{a \leqslant t \leqslant b} |y''(t)|$，则

$$|T_{k+1}| \leqslant \frac{h^2}{2}M = O(h^2) \tag{1.22}$$

因此，欧拉方法的局部截断误差是 $O(h^2)$。

下面讨论总体截断误差和局部截断误差之间的关系。根据式（1.19）和式（1.20）可得

$$\begin{aligned} |y(t_{k+1}) - y_{k+1}| &= |y(t_k) + hf(t_k, y(t_k)) - y_k - hf(t_k, y_k) + T_{k+1}| \\ &\leqslant |y(t_k) - y_k| + h|f(t_k, y(t_k)) - f(t_k, y_k)| + |T_{k+1}| \end{aligned} \tag{1.23}$$

因为 $f(t,y)$ 充分光滑，所以一定存在一个正的常数 L，使得

$$|f(t_k,y(t_k))-f(t_k,y_k)|\leqslant L|y(t_k)-y_k| \tag{1.24}$$

将式（1.24）代入式（1.23）可以得到

$$|e_{k+1}|\leqslant |T_{k+1}|+(1+hL)|e_k| \tag{1.25}$$

上式给出了第 $k+1$ 步的总体截断误差与第 k 步的总体截断误差和第 $k+1$ 步的局部截断误差之间的关系，该式对于不同的 k 都是成立的。由此可得

$$\begin{aligned}|e_k|&\leqslant |T_k|+(1+hL)|e_{k-1}|\leqslant\cdots\\&\leqslant |T_k|+(1+hL)|T_{k-1}|+(1+hL)^2|T_{k-2}|+\cdots+(1+hL)^{k-1}|T_1|\\&=\sum_{j=0}^{k-1}(1+hL)^j|T_{k-j}|\end{aligned} \tag{1.26}$$

由式（1.26）可得

$$\begin{aligned}|e_k|&\leqslant O(h^2)\sum_{j=0}^{k-1}(1+hL)^j=\frac{(1+hL)^k-1}{1+hL-1}O(h^2)\\&\leqslant(\mathrm{e}^{khL}-1)O(h)\\&=O(h)\end{aligned} \tag{1.27}$$

因此，采用欧拉方法求解常微分方程的初值问题，得到的数值解在各个离散点上的总体截断误差为

$$|e_k|\sim O(h)$$

当步长 h 趋于 0 时，e_k 也趋于 0，这时函数的数值解 y_k 无限接近于真实解 $y(t_k)$，表明数值解是收敛的。

后退欧拉方法的总体截断误差和局部截断误差与欧拉方法相同，分别是 $O(h)$ 和 $O(h^2)$，因此，后退欧拉方法也是收敛的。但后退欧拉方法是隐式方法，通常采用迭代法求解。如先用欧拉方法的数值计算结果作为初值，再迭代，因此要考虑迭代过程的收敛条件。改进欧拉公式的精度比欧拉公式更高，总体截断误差为 $O(h^2)$，因此，改进欧拉公式也是收敛的。与后退欧拉公式一样，改进欧拉公式也是一个隐式公式，通常也需要通过迭代法求解。

下面讨论数值方法的稳定性。需要指出的是，收敛性和稳定性是两个不同的概念。收敛性是指数值方法的截断误差对计算结果的影响；而稳定性则是指某一步的计算误差对计算结果的影响，稳定性与步长密切相关。

数值方法的稳定性通常定义为：用一种数值方法求解微分方程 $y'=\lambda y$，这里 λ 是一个复常数。对于给定步长 h（$h>0$），在计算 y_k 时将引入误差 ρ_k，

若该误差在后面的函数值 y_{k+j}（$j=1,2,\cdots$）的数值计算中均不增加，就表明该数值方法对于步长 h 和复数 λ 是绝对稳定的。因此，为了保证绝对稳定，λ 和 h 都要受到限制，其所容许的范围就是该方法的绝对稳定区域。

对于欧拉方法，要分析其绝对稳定区域，可以将欧拉方法应用于微分方程 $y'=\lambda y$ 中，并表示为

$$y_{k+1}=y_k+\lambda h y_k$$

其误差方程表示为

$$\rho_{k+1}=\rho_k+\lambda h \rho_k$$

两步的误差比值为

$$\frac{\rho_{k+1}}{\rho_k}=1+\lambda h$$

如果要求在数值计算过程中误差不增大，则该比值必须小于等于 1，即

$$|1+\lambda h|\leqslant 1$$

这就是欧拉方法的绝对稳定区域，表示在复平面上以（−1，0）为中心、1 为半径的圆，如图 1.2（a）所示。

绝对稳定区域越大，该方法的适应性就越强。若绝对稳定区域包含复平面的整个左半平面，就称这一数值方法是 A 稳定的。

对于后退欧拉方法，微分方程 $y'=\lambda y$ 可表示为

$$y_{k+1}=y_k+\lambda h y_{k+1}$$

误差方程表示为

$$\rho_{k+1}=\rho_k+\lambda h \rho_{k+1}$$

两步的误差比值为

$$\left|\frac{\rho_{k+1}}{\rho_k}\right|=\frac{1}{|1-\lambda h|}$$

因此，要求在数值计算过程中误差不增大，必须满足 $|1-\lambda h|\geqslant 1$，此时，后退欧拉方法是绝对稳定的。该稳定区域是以（1，0）为中心、1 为半径的圆的外部所有区域，如图 1.2（b）所示。由图 1.2（b）可知，后退欧拉方法是 A 稳定的。

对于改进欧拉方法，其误差方程可表示为

$$\rho_{k+1}=\rho_k+\frac{h\lambda}{2}(\rho_k+\rho_{k+1})$$

由此得出两步的误差比值为

$$\left|\frac{\rho_{k+1}}{\rho_k}\right|=\left|\frac{1+\frac{\lambda h}{2}}{1-\frac{\lambda h}{2}}\right|=\left(\left|\frac{1+\mathrm{Re}(h\lambda)+\frac{|\lambda h|^2}{4}}{1-\mathrm{Re}(h\lambda)+\frac{|\lambda h|^2}{4}}\right|\right)^{1/2}$$

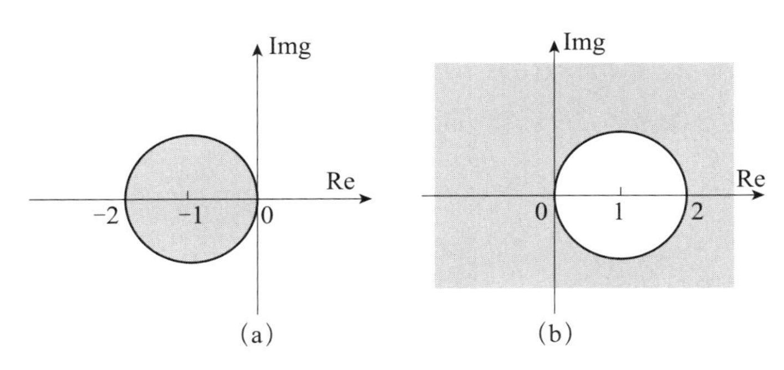

图 1.2 欧拉方法（a）和后退欧拉方法（b）的稳定区域示意图

说明：图中灰色部分为相应的绝对稳定区域。

可以看出，当 $\mathrm{Re}(h\lambda)<0$ 时，该比值小于等于 1。因此，改进欧拉方法也是 A 稳定的。

以上三种方法的误差和稳定性总结如表 1.1 所示。

表 1.1 以上三种方法的误差和稳定性总结

方法	总体截断误差	局部截断误差	稳定性
欧拉方法	$O(h)$	$O(h^2)$	$\|1+\lambda h\|\leqslant 1$
后退欧拉方法	$O(h)$	$O(h^2)$	A 稳定
改进欧拉方法	$O(h^2)$	$O(h^3)$	A 稳定

1.2.3 Runge-Kutta 方法

前面讨论的欧拉方法、后退欧拉方法和改进欧拉方法都是一步法，即在计算 y_{k+1} 时，只用到 t_k 上的值 y_k。Runge-Kutta 方法（R-K 方法）也是一步法，不过是高阶的一步法。Runge-Kutta 方法通过计算求解区间内不同点上的斜率值，然后对这些斜率值做线性组合，构造数值求解的近似公式，把近似公式与解的泰勒展开相比较，使前面若干项相吻合，从而得到数值求解的近似公式，并达到一定的阶数。例如，对于常微分方程（1.1），已知 $y(t_k)=y_k$，要求 y_{k+1}，由微分中值定理可得

$$\frac{y(t_{k+1})-y(t_k)}{h}=y'(\xi_k)$$

式中，$\xi_k\in[t_k,t_{k+1}]$。由此可得

$$y(t_{k+1})=y(t_k)+hy'(\xi_k)$$

如果将上式记为

$$y(t_{k+1})=y(t_k)+K$$

式中

$$K = hy'(\xi_k) = hf(\xi_k, y(\xi_k))$$

K 可以看作函数 $y(t)$ 在区间 $[t_k, t_{k+1}]$ 上的平均斜率，就可以构造出数值求解的近似公式

$$y_{k+1} = y_k + K$$

如果对区间 $[t_k, t_{k+1}]$ 上的平均斜率 K 给出一种计算方法，就可以相应得到计算 $y(t_{k+1})$ 的数值计算公式。如果以 $y(t)$ 在 (t_k, y_k) 点的斜率作为区间 $[t_k, t_{k+1}]$ 上的平均斜率 K，就可以得到欧拉方法式（1.3）。因此，欧拉方法的公式实际上是一阶 Runge-Kutta 公式。

如果在区间 $[t_k, t_{k+1}]$ 内多取几个点，然后将这些点的斜率的线性组合作为该区间内平均斜率的近似值，就可能构造出精度更高的数值求解公式，这就是 Runge-Kutta 方法的基本思想。可以看出，Runge-Kutta 方法也只是用到了 t_k 点，因此本质上也是一步法，是高阶的一步法。

根据 Runge-Kutta 方法的基本思想，一般的 Runge-Kutta 公式可以写为

$$y_{k+1} = y_k + \sum_{i}^{N} \lambda_i K_i, \quad i = 1, 2, 3, \cdots, N \tag{1.28}$$

式中

$$K_1 = hf(t_k, y_k)$$

$$K_i = hf\left(t_k + \alpha_i h, y_k + \sum_{j=1}^{i-1} \beta_{ij} K_j\right), \quad i = 2, 3, \cdots, N$$

这里 λ_i、α_i 和 β_{ij} 是待定参数。将式（1.28）的右边在 $(t_k, y(t_k))$ 处做泰勒展开，并按照 h 的幂次从低到高排列。将其与微分方程的解 $y(t_{k+1})$ 在 t_k 的展开式做对比，就可以构造出满足一定精度的 Runge-Kutta 公式。

下面以二阶 Runge-Kutta 公式的推导为例，展示其推导思想。如果在区间 $[t_k, t_{k+1}]$ 上取两个点—— t_k 和 $t_k + \alpha_2 h$，用这两个点的斜率的加权平均作为平均斜率的近似值，就可以得到误差为 $O(h^3)$ 的二阶 Runge-Kutta 公式，即

$$\begin{cases} y_{k+1} = y_k + \lambda_1 K_1 + \lambda_2 K_2 \\ K_1 = hf(t_k, y_k) \\ K_2 = hf(t_k + \alpha_2 h, y_k + \beta_{21} K_1) \end{cases} \tag{1.29}$$

接下来需要确定参数 λ_1、λ_2、α_2、β_{21}，使得公式的局部截断误差 $y(t_{k+1}) - y_{k+1}$ 为 $O(h^3)$。

$y(t_{k+1})$ 在 $(t_k, y(t_k))$ 的泰勒展开为

$$y(t_{k+1})=y(t_k)+hy'(t_k)+\frac{1}{2}h^2y''(t_k)+O(h^3)$$
$$=y(t_k)+hf(t_k,y_k)+\frac{1}{2}h^2f_t+\frac{1}{2}h^2ff_y+O(h^3) \quad (1.30)$$

而 K_2 在 $(t_k,y(t_k))$ 处的泰勒展开可以表示为

$$K_2=hf(t_k+\alpha_2h,y_k+\beta_{21}K_1)$$
$$=h[f(t_k,y_k)+\alpha_2hf_t+\beta_{21}K_1f_y+O(h^2)]$$
$$=hf(t_k,y_k)+\alpha_2h^2f_t+\beta_{21}h^2ff_y+O(h^3) \quad (1.31)$$

将 K_1 和 K_2 的展开式（1.31）代入方程组（1.29）中的第一式可得

$$y_{k+1}=y_k+\lambda_1hf(t_k,y_k)+\lambda_2h[f(t_k,y_k)+\alpha_2hf_t+\beta_{21}hff_y]+O(h^3)$$
$$=y_k+h(\lambda_1+\lambda_2)f(t_k,y_k)+\alpha_2\lambda_2h^2f_t+\beta_{21}\lambda_2h^2ff_y+O(h^3) \quad (1.32)$$

令 $y(t_{k+1})=y_{k+1}$，对比式（1.30）和式（1.32），两式右边的系数应相同，即参数 λ_1、λ_2、α_2、β_{21} 应满足方程组

$$\begin{cases}\lambda_1+\lambda_2=1\\ \alpha_2\lambda_2=\dfrac{1}{2}\\ \beta_{21}\lambda_2=\dfrac{1}{2}\end{cases} \quad (1.33)$$

可以看出，该方程组存在无穷多个解。所有满足该方程组的解都为二阶 Runge-Kutta 公式。若取 $\alpha_2=1$，可得 $\beta_{21}=1$ 和 $\lambda_1=\lambda_2=\frac{1}{2}$，这样就得到了一个二阶 Runge-Kutta 公式

$$\begin{cases}y_{k+1}=y_k+\dfrac{1}{2}(K_1+K_2)\\ K_1=hf(t_k,y_k)\\ K_2=hf(t_k+h,y_k+K_1)\end{cases}$$

这就是改进欧拉公式。因此，改进欧拉公式也是二阶 Runge-Kutta 公式。

如果在区间 $[t_k,t_{k+1}]$ 上再增加一个新点，即用三个点的斜率的加权平均作为区间平均斜率的近似值，根据式（1.28），就可以得到误差为 $O(h^4)$ 的三阶 Runge-Kutta 公式，即

$$\begin{cases}y_{k+1}=y_k+\lambda_1K_1+\lambda_2K_2+\lambda_3K_3\\ K_1=hf(t_k,y_k)\\ K_2=hf(t_k+\alpha_2h,y_k+\beta_{21}K_1)\\ K_3=hf(t_k+\alpha_3h,y_k+\beta_{31}K_1+\beta_{32}K_2)\end{cases} \quad (1.34)$$

将 $y(t_{k+1})$、K_2 和 K_3 做泰勒展开到更高阶，即

$$\begin{aligned} y(t_{k+1}) &= y(t_k) + hy'(t_k) + \frac{1}{2}h^2 y''(t_k) + \frac{1}{6}h^3 y'''(t_k) + O(h^4) \\ &= y(t_k) + hf(t_k, y_k) + \frac{1}{2}h^2(f_t + ff_y) \\ &\quad + \frac{1}{6}h^3(f_{tt} + 2ff_{ty} + f_t f_y + f^2 f_{yy} + ff_y f_y) + O(h^4) \end{aligned} \tag{1.35}$$

$$\begin{aligned} K_2 &= hf(t_k + \alpha_2 h, y_k + \beta_{21} K_1) \\ &= hf(t_k, y_k) + \alpha_2 h^2 f_t + \beta_{21} h^2 ff_y \\ &\quad + \frac{1}{2}h^3(\alpha_2^2 f_{tt} + 2\alpha_2\beta_{21} ff_{ty} + \beta_{21}^2 f^2 f_{yy}) + O(h^4) \end{aligned} \tag{1.36}$$

$$\begin{aligned} K_3 &= hf(t_k + \alpha_3 h, y_k + \beta_{31} K_1 + \beta_{32} K_2) \\ &= hf(t_k, y_k) + \alpha_3 h^2 f_t + \beta_{31} h^2 ff_y + \beta_{32} h^2 K_2 f_y \\ &\quad + \frac{1}{2}h^3(\alpha_3^2 f_{tt} + 2\alpha_3\beta_{31} ff_{ty} + 2\alpha_3\beta_{32} K_2 f_{ty} + \beta_{31}^2 f^2 f_{yy} + 2\beta_{31}\beta_{32} K_2 ff_{yy} \\ &\quad + \beta_{32}^2 K_2^2 f_{yy}) + O(h^4) \end{aligned} \tag{1.37}$$

将式（1.36）代入式（1.37），并保留含有 h^3 的项，则 K_3 可以表示为

$$\begin{aligned} K_3 &= hf(t_k + \alpha_3 h, y_k + \beta_{31} K_1 + \beta_{32} K_2) \\ &= hf(t_k, y_k) + \alpha_3 h^2 f_t + \beta_{31} h^2 ff_y + \beta_{32} h^2 ff_y + \alpha_2\beta_{32} h^3 f_t f_y \\ &\quad + \beta_{21}\beta_{32} h^3 ff_y f_y + \frac{1}{2}\alpha_3^2 h^3 f_{tt} + \frac{1}{2}\beta_{31}^2 h^3 f^2 f_{yy} \\ &\quad + \frac{1}{2}\beta_{32}^2 h^3 f^2 f_{yy} + \beta_{31}\beta_{32} h^3 f^2 f_{yy} + \alpha_3\beta_{31} h^3 ff_{ty} \\ &\quad + \alpha_3\beta_{32} h^3 ff_{ty} + O(h^4) \end{aligned} \tag{1.38}$$

将式（1.36）和式（1.38）代入方程组（1.34）中的第一式，并保留含有 h^3 的项，可得

$$\begin{aligned} y_{k+1} &= y_k + h(\lambda_1 K_1 + \lambda_2 K_2 + \lambda_3 K_3) \\ &= y_k + (\lambda_1 + \lambda_2 + \lambda_3)hf + (\lambda_2\alpha_2 + \lambda_3\alpha_3)h^2 f_t \\ &\quad + (\lambda_2\beta_{21} + \lambda_3\beta_{31} + \lambda_3\beta_{32})h^2 ff_y + \frac{\lambda_2\alpha_2^2 + \lambda_3\alpha_3^2}{2}h^3 f_{tt} \\ &\quad + (\lambda_2\alpha_2\beta_{21} + \lambda_3\alpha_3\beta_{31} + \lambda_3\alpha_3\beta_{32})h^3 ff_{ty} + \lambda_3\alpha_2\beta_{32} h^3 f_t f_y \\ &\quad + \frac{\lambda_2\beta_{21}^2 + \lambda_3(\beta_{31} + \beta_{32})^2}{2}h^3 f^2 f_{yy} + \lambda_3\beta_{21}\beta_{32} h^3 ff_y f_y + O(h^4) \end{aligned} \tag{1.39}$$

令 $y(t_{k+1}) = y_{k+1}$，对比式（1.35）和式（1.39），两式右边的系数应相同，

可得

$$\begin{cases}\lambda_1+\lambda_2+\lambda_3=1\\ \lambda_2\alpha_2+\lambda_3\alpha_3=\dfrac{1}{2}\\ \lambda_2\beta_{21}+\lambda_3\beta_{31}+\lambda_3\beta_{32}=\dfrac{1}{2}\\ \lambda_2\alpha_2^2+\lambda_3\alpha_3^2=\dfrac{1}{3}\\ \lambda_2\alpha_2\beta_{21}+\lambda_3\alpha_3\beta_{31}+\lambda_3\alpha_3\beta_{32}=\dfrac{1}{3}\\ \lambda_3\alpha_2\beta_{32}=\dfrac{1}{6}\\ \lambda_2\beta_{21}^2+\lambda_3(\beta_{31}+\beta_{32})^2=\dfrac{1}{3}\\ \lambda_3\beta_{21}\beta_{32}=\dfrac{1}{6}\end{cases}$$

上式可以简化为

$$\begin{cases}\lambda_1+\lambda_2+\lambda_3=1\\ \lambda_2\alpha_2+\lambda_3\alpha_3=\dfrac{1}{2}\\ \lambda_2\alpha_2^2+\lambda_3\alpha_3^2=\dfrac{1}{3}\\ \lambda_3\alpha_2\beta_{32}=\dfrac{1}{6}\\ \alpha_2=\beta_{21}\\ \alpha_3=\beta_{31}+\beta_{32}\end{cases}\tag{1.40}$$

该方程组存在无穷多个解。如果取 $\alpha_2=\dfrac{1}{2}$ 和 $\alpha_3=1$，可以得到 $\lambda_1=\lambda_3=\dfrac{1}{6}$，$\lambda_2=\dfrac{2}{3}$，$\beta_{21}=\dfrac{1}{2}$，$\beta_{31}=-1$，$\beta_{32}=2$，这样得到的三阶 Runge-Kutta 公式为

$$\begin{cases}y_{k+1}=y_k+\dfrac{1}{6}(K_1+4K_2+K_3)\\ K_1=hf(t_k,y_k)\\ K_2=hf\left(t_k+\dfrac{h}{2},y_k+\dfrac{1}{2}K_1\right)\\ K_3=hf(t_k+h,y_k-K_1+2K_2)\end{cases}\tag{1.41}$$

若取 $\alpha_2=\dfrac{1}{3}$ 和 $\alpha_3=\dfrac{2}{3}$，代入方程组（1.40）可得 $\lambda_1=\dfrac{1}{4}$，$\lambda_2=0$，$\lambda_3=$

$\frac{3}{4}$，$\beta_{21}=\frac{1}{3}$，$\beta_{31}=0$，$\beta_{32}=\frac{2}{3}$，这样就得到另一种形式的三阶 Runge-Kutta 公式

$$\begin{cases} y_{k+1}=y_k+\frac{1}{4}(K_1+3K_3) \\ K_1=hf(t_k,y_k) \\ K_2=hf(t_k+\frac{h}{3},y_k+\frac{1}{3}K_1) \\ K_3=hf(t_k+\frac{2}{3}h,y_k+\frac{2}{3}K_2) \end{cases} \tag{1.42}$$

类似地，如果令式（1.28）中的 $N=4$，则方程组为

$$\begin{cases} y_{k+1}=y_k+\lambda_1 K_1+\lambda_2 K_2+\lambda_3 K_3+\lambda_4 K_4 \\ K_1=hf(t_k,y_k) \\ K_2=hf(t_k+\alpha_2 h,y_k+\beta_{21}K_1) \\ K_3=hf(t_k+\alpha_3 h,y_k+\beta_{31}K_1+\beta_{32}K_2) \\ K_4=hf(t_k+\alpha_4 h,y_k+\beta_{41}K_1+\beta_{42}K_2+\beta_{43}K_3) \end{cases}$$

将 $y(t_{k+1})$、K_2、K_3 和 K_4 做泰勒展开到更高阶，并保留含有 h^4 的项，可以推导出上面方程组中的 13 个参数所满足的方程组为

$$\begin{cases} \lambda_1+\lambda_2+\lambda_3+\lambda_4=1 \\ \beta_{21}=\alpha_2 \\ \beta_{31}+\beta_{32}=\alpha_3 \\ \beta_{41}+\beta_{42}+\beta_{43}=\alpha_4 \\ \lambda_2\alpha_2+\lambda_3\alpha_3+\lambda_4\alpha_4=\frac{1}{2} \\ \lambda_2\alpha_2^2+\lambda_3\alpha_3^2+\lambda_4\alpha_4^2=\frac{1}{3} \\ \lambda_2\alpha_2^3+\lambda_3\alpha_3^3+\lambda_4\alpha_4^3=\frac{1}{4} \\ \lambda_3\alpha_2\beta_{32}+\lambda_4(\alpha_2\beta_{42}+\alpha_3\beta_{43})=\frac{1}{6} \\ \lambda_3\alpha_2\alpha_3\beta_{32}+\lambda_4\alpha_4(\alpha_2\beta_{42}+\alpha_3\beta_{43})=\frac{1}{8} \\ \lambda_3\alpha_2^2\beta_{32}+\lambda_4(\alpha_2^2\beta_{42}+\alpha_3^2\beta_{43})=\frac{1}{12} \\ \lambda_4\alpha_2\beta_{32}\beta_{43}=\frac{1}{24} \end{cases}$$

上面方程组中有 13 个待定参数，但是只有 11 个方程，因此该方程组存在

多个解。这里可以取 $\alpha_2=\frac{1}{2}$ 和 $\alpha_4=1$，代入上面的方程组中，可以确定一组参数分别为：$\alpha_3=\frac{1}{2}$，$\beta_{21}=\frac{1}{2}$，$\lambda_1=\frac{1}{6}$，$\lambda_2=\frac{1}{3}$，$\lambda_3=\frac{1}{3}$，$\lambda_4=\frac{1}{6}$，$\beta_{31}=0$，$\beta_{32}=\frac{1}{2}$，$\beta_{41}=0$，$\beta_{42}=0$，$\beta_{43}=1$。这样就得到了四阶 Runge-Kutta 公式的古典形式

$$\begin{cases} y_{k+1}=y_k+\frac{1}{6}(K_1+2K_2+2K_3+K_4) \\ K_1=hf(t_k,y_k) \\ K_2=hf(t_k+\frac{h}{2},y_k+\frac{1}{2}K_1) \\ K_3=hf(t_k+\frac{h}{2},y_k+\frac{1}{2}K_2) \\ K_4=hf(t_k+h,y_k+K_3) \end{cases}$$

如果取 $\alpha_2=\frac{1}{3}$ 和 $\alpha_4=1$，可以得到 Kutta 公式，即

$$\begin{cases} y_{k+1}=y_k+\frac{1}{8}(K_1+3K_2+3K_3+K_4) \\ K_1=hf(t_k,y_k) \\ K_2=hf(t_k+\frac{h}{3},y_k+\frac{1}{3}K_1) \\ K_3=hf(t_k+\frac{2}{3}h,y_k-\frac{1}{3}K_1+K_2) \\ K_4=hf(t_k+h,y_k+K_1-K_2+K_3) \end{cases}$$

为了分析 Runge-Kutta 公式的绝对稳定区域，可以直接把公式应用于微分方程 $y'=\lambda y$。这里以四阶 Runge-Kutta 公式的古典形式为例讨论其稳定性。将四阶 Runge-Kutta 公式应用于 $y'=\lambda y$，可得

$$\begin{cases} y_{k+1}=y_k+\frac{1}{6}(K_1+2K_2+2K_3+K_4) \\ \qquad =y_k[1+\lambda h+\frac{1}{2}(\lambda h)^2+\frac{1}{6}(\lambda h)^3+\frac{1}{24}(\lambda h)^4] \\ K_1=\lambda h y_k \\ K_2=\lambda h\left(y_k+\frac{1}{2}K_1\right)=y_k\left[\lambda h+\frac{1}{2}(\lambda h)^2\right] \\ K_3=\lambda h\left(y_k+\frac{1}{2}K_2\right)=y_k\left[\lambda h+\frac{1}{2}(\lambda h)^2+\frac{1}{4}(\lambda h)^3\right] \\ K_4=\lambda h(y_k+K_3)=y_k\left[\lambda h+(\lambda h)^2+\frac{1}{2}(\lambda h)^3+\frac{1}{4}(\lambda h)^4\right] \end{cases}$$

因此，误差方程可表示为

$$\rho_{k+1}=\rho_k\left[1+\lambda h+\frac{1}{2}(\lambda h)^2+\frac{1}{6}(\lambda h)^3+\frac{1}{24}(\lambda h)^4\right]$$

这样，四阶 Runge-Kutta 公式的绝对稳定区域为

$$\left|1+\lambda h+\frac{1}{2}(\lambda h)^2+\frac{1}{6}(\lambda h)^3+\frac{1}{24}(\lambda h)^4\right|\leqslant 1$$

Runge-Kutta 方法的优点是在给定初值后可以逐步计算下去，并且精度较高；此外，Runge-Kutta 公式在计算过程中便于改变步长。但是，由于 Runge-Kutta 公式需要在求解区间内取新的点，而这些点的值需要近似计算，因此也就加大了计算量。

1.2.4 线性多步法

一步法在计算时只用到了前面一步的近似值，若要提高精度，则需要增加中间函数值的计算，这就大大增加了计算量。是否存在一种精度较高却不增加计算量的求解常微分方程初值问题的数值方法呢？答案是肯定的。在计算 y_{k+1} 时，前面各个点的函数值 y_k，y_{k-1}，y_{k-2}，…均已得到，因此可以利用这些值来提高计算精度且不显著增大计算量，这样的方法称为多步法。

在多步法中，计算 y_{k+1} 时，除了用到 t_k 处的近似值，还用到了 t_{k-p}（$p=1,2,\cdots$）处的近似值 y_{k-p}。因此，对于微分方程 $y'=f(t,y)$，在区间 $[t_k, t_{k+1}]$ 上对两边同时积分

$$\int_{y_k}^{y_{k+1}}\mathrm{d}y=\int_{t_k}^{t_{k+1}}f(t,y)\mathrm{d}t$$

即

$$y_{k+1}-y_k=\int_{t_k}^{t_{k+1}}f(t,y)\mathrm{d}t \tag{1.43}$$

可以采用不同的积分方法来求解上式右边的积分。

多步法中最常用的是四阶 Adams 方法。该方法取前四个点，即 t_{k-3}、t_{k-2}、t_{k-1} 和 t_k 作为插值点，得到函数的 Lagrange 插值多项式，并用外插多项式的积分来近似代替函数在区间 $[t_k, t_{k+1}]$ 上的积分，这样得到的计算公式通常称为 Adams 外插公式，具体推导如下。

取 t_{k-3}、t_{k-2}、t_{k-1} 和 t_k 作为插值点，$f(t,y)$ 的插值多项式可以表示为

$$P_3(t)=\sum_{i=k-3}^{k}f(t_i,y_i)\prod_{\substack{j=k-3\\ j\neq i}}^{k}\frac{t-t_j}{t_i-t_j}$$

$$
\begin{aligned}
&= \frac{(t-t_{k-1})(t-t_{k-2})(t-t_{k-3})}{(t_k-t_{k-1})(t_k-t_{k-2})(t_k-t_{k-3})} f(t_k, y_k) \\
&\quad + \frac{(t-t_k)(t-t_{k-2})(t-t_{k-3})}{(t_{k-1}-t_k)(t_{k-1}-t_{k-2})(t_{k-1}-t_{k-3})} f(t_{k-1}, y_{k-1}) \\
&\quad + \frac{(t-t_k)(t-t_{k-1})(t-t_{k-3})}{(t_{k-2}-t_k)(t_{k-2}-t_{k-1})(t_{k-2}-t_{k-3})} f(t_{k-2}, y_{k-2}) \\
&\quad + \frac{(t-t_k)(t-t_{k-1})(t-t_{k-2})}{(t_{k-3}-t_k)(t_{k-3}-t_{k-1})(t_{k-3}-t_{k-2})} f(t_{k-3}, y_{k-3}) \qquad (1.44)
\end{aligned}
$$

余项为

$$R_3(t) = \frac{f^{(4)}(\xi)}{4!}(t-t_k)(t-t_{k-1})(t-t_{k-2})(t-t_{k-3}), \quad t_{k-3} < \xi < t_k \qquad (1.45)$$

经插值后，式（1.43）可以表示为

$$y(t_{k+1}) - y(t_k) = \int_{t_k}^{t_{k+1}} f(t,y)\mathrm{d}t = \int_{t_k}^{t_{k+1}} (P_3(t) + R_3(t))\mathrm{d}t \qquad (1.46)$$

用 y_{k+1} 和 y_k 分别代替 $y(t_{k+1})$ 和 $y(t_k)$ 并略去余项，这样就可以用外插多项式的积分来近似代替函数在区间 $[t_k, t_{k+1}]$ 上的积分，即

$$
\begin{aligned}
y_{k+1} &\approx y_k + \int_{t_k}^{t_{k+1}} f(t,y)\mathrm{d}t \approx y_k + \int_{t_k}^{t_{k+1}} P_3(t)\mathrm{d}t \\
&= y_k + \frac{h}{24}(55f_k - 59f_{k-1} + 37f_{k-2} - 9f_{k-3}) \qquad (1.47)
\end{aligned}
$$

式中，$f_k = f(t_k, y_k)$。对余项积分可得

$$\int_{t_k}^{t_{k+1}} R_3(t)\mathrm{d}t = \frac{251}{720}h^5 y^{(5)}(\eta), \quad t_{k-3} < \eta < t_{k+1} \qquad (1.48)$$

以上就是 Adams 外插公式，其计算精度为 $O(h^5)$。由于插值点在区间 $[t_{k-3}, t_k]$ 内，位于积分区间 $[t_k, t_{k+1}]$ 外，因此称为外插公式。这是一个显式公式。

可以看出，采用 Adams 外插公式数值求解常微分方程的初值问题，必须要先知道前面四个点的函数值，已知 y_0，因此该方法必须采用其他方法（如 Runge-Kutta 方法等）先求得 y_1，y_2，y_3后才能使用。

如果取 t_{k-2}，t_{k-1}，t_k，t_{k+1}作为插值点，则可以得到 Adams 内插公式。函数 $f(t,y)$ 的插值多项式可以表示为

$$P_3(t) = \sum_{i=k-2}^{k+1} f(t_i, y_i) \prod_{\substack{j=k-2 \\ j\neq i}}^{k+1} \frac{t-t_j}{t_i-t_j}$$

$$
\begin{aligned}
y_{k+1} &= y_k + \int_{t_k}^{t_{k+1}} f(t,y)\mathrm{d}t = y_k + \int_{t_k}^{t_{k+1}} P_3(t)\mathrm{d}t - \frac{19}{720}h^5 y^{(5)}(\eta), \\
&\quad t_{k-2} < \eta < t_{k+1} \qquad (1.49)
\end{aligned}
$$

略去余项，可得

$$y_{k+1} \approx y_k + \int_{t_k}^{t_{k+1}} P_3(t)\mathrm{d}t = y_k + \frac{h}{24}(9f_{k+1} + 19f_k - 5f_{k-1} + f_{k-2}) \tag{1.50}$$

显然，这是一个隐式公式，需要进行迭代求解。通常利用 Adams 外插公式计算初值，然后由内插公式迭代求解，即

$$\begin{cases} y_{k+1}^{(0)} = y_k + \dfrac{h}{24}(55f_k - 59f_{k-1} + 37f_{k-2} - 9f_{k-3}) \\ y_{k+1}^{(l+1)} = y_k + \dfrac{h}{24}(qf(t_{k+1}, y_{k+1}^{(l)}) + 19f_k - 5f_{k-1} + f_{k-2}), \quad l = 0,1,2,\cdots \end{cases} \tag{1.51}$$

1.2.5 预估-校正方法

对于隐式公式，通常采用迭代法进行数值求解。如果函数 $f(t,y)$ 比较复杂，迭代法求解的计算量就比较大。因此，针对隐式公式，在实际计算中并不采用迭代法求解，而是先利用显式公式对函数值进行预估，再利用隐式公式进行校正，这就是所谓的预估-校正方法。例如，改进欧拉方法就是一个隐式公式，数值计算该公式需要进行迭代求解。实际计算中，往往先用欧拉公式计算出初步的近似值 $\hat{y}_{k+1}$，称为预估值，然后用预估值 $\hat{y}_{k+1}$ 替代改进欧拉公式右边的 y_{k+1} 进行计算，从而得到最后的校正值 y_{k+1}。这就是改进欧拉方法。具体计算过程如下。首先用欧拉公式计算预估值 $\hat{y}_{k+1}$，即

$$\hat{y}_{k+1} = y_k + hf(t_k, y_k)$$

然后对预估值进行校正，即

$$y_{k+1} = y_k + \frac{h}{2}[f(t_k, y_k) + f(t_{k+1}, \hat{y}_{k+1})]$$

这样就可以得到预估-校正方法的普遍公式

$$\begin{cases} y_p = y_k + hf(t_k, y_k) \\ y_c = y_k + hf(t_{k+1}, y_p) \\ y_{k+1} = \dfrac{1}{2}(y_p + y_c) \end{cases}$$

对于 Adams 公式，也可以采用预估-校正法。具体来说，就是利用显式的 Adams 外插公式对函数值进行预估，即

$$\hat{y}_{k+1} = y_k + \frac{h}{24}(55f_k - 59f_{k-1} + 37f_{k-2} - 9f_{k-3})$$

然后利用隐式的 Adams 内插公式（1.50）进行校正，即

$$y_{k+1}=y_k+\frac{h}{24}(9f_{k+1}+19f_k-5f_{k-1}+f_{k-2})$$

式中，$f_{k+1}=f(t_{k+1},\hat{y}_{k+1})$。因此，Adams 方法又称为 Adams 预估-校正法。

[例] 求解常微分方程 $\begin{cases}y'=y-\dfrac{2x}{y}\\ y(0)=1\end{cases}$ 初值问题在区间［0，1］上的数值解。

（1）用古典 Runge-Kutta 方法求解，取步长 $h=0.2$；

（2）用 Adams 预估-校正法求解，取步长 $h=0.1$。

解： 该常微分方程初值问题的精确解为

$$y=\sqrt{1+2x}$$

（1）采用 Runge-Kutta 公式的古典形式数值求解该初值问题。

$$\begin{cases}y_{k+1}=y_k+\dfrac{1}{6}(K_1+2K_2+2K_3+K_4)\\ K_1=hf(t_k,y_k)\\ K_2=hf(t_k+\dfrac{h}{2},y_k+\dfrac{1}{2}K_1)\\ K_3=hf(t_k+\dfrac{h}{2},y_k+\dfrac{1}{2}K_2)\\ K_4=hf(t_k+h,y_k+K_3)\end{cases}$$

Matlab 形式：

```
K1=h*feval(@fx,x(i),y(i));
K2=h*feval(@fx,x(i)+h/2,y(i)+K1/2);
K3=h*feval(@fx,x(i)+h/2,y(i)+K2/2);
K4=h*feval(@fx,x(i)+h,y(i)+K3);
y(i+1)=y(i)+(K1+2*K2+2*K3+K4)/6;
```

初值和相应参数：

区间［a，b］为［0，1］。

```
a=0; b=1;
```

步长 $h=0.2$（可调），总共的计算次数为 N

$$N=(b-a)/h$$

初始值：

```
x0=0; y0=1;
```

N 次求解：

```
for i=1:N;
  x(i)=a+(i-1)*h;
  K1=h*feval(@fx,x(i),y(i));
  K2=h*feval(@fx,x(i)+h/2,y(i)+K1/2);
  K3=h*feval(@fx,x(i)+h/2,y(i)+K2/2);
  K4=h*feval(@fx,x(i)+h,y(i)+K3);
  y(i+1)=y(i)+(K1+2*K2+2*K3+K4)/6;
end
```

结果见图 1.3。

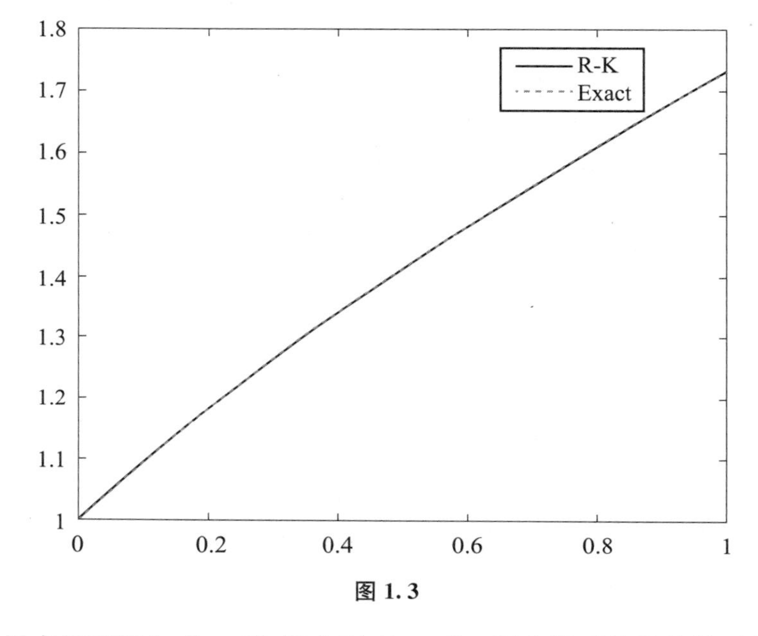

图 1.3

如果求解区间由 [0, 1] 增大到 [0, 8]，那么得到的数值结果如图 1.4 所示。

可以看出，随着求解区间的增大，数值解逐渐偏离精确解，表明误差已经被积累放大。此时需要调整数值求解的步长，将步长 h 减小到 0.02，得到的结果如图 1.5 所示。

可以看出，在该步长下，数值解与精确解很符合。因此，在数值求解常微分方程的初值问题时，步长的选取非常关键，它直接决定了数值解的精度和稳定性。

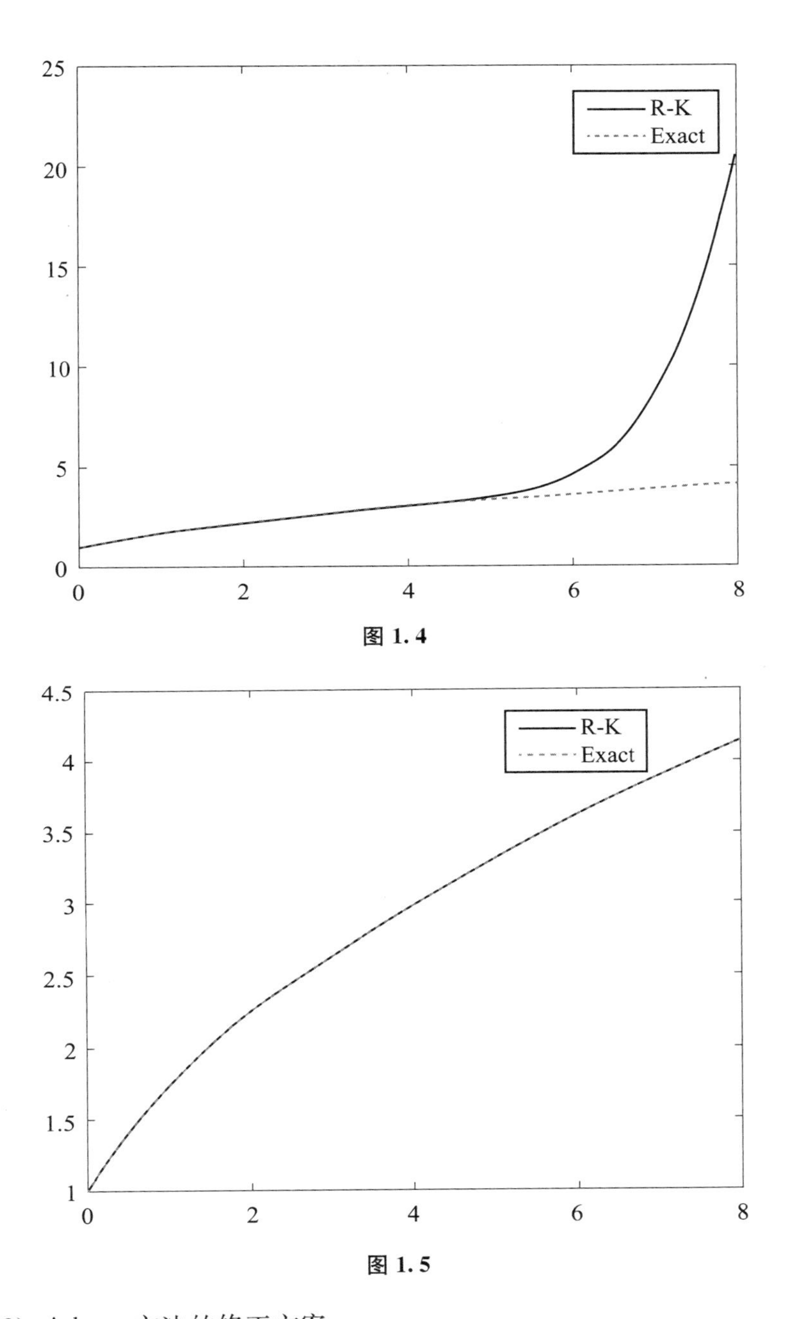

图 1.4

图 1.5

（2）Adams 方法的修正方案。

$$p_{k+1}=y_k+\frac{h}{24}(55f_k-59f_{k-1}+37f_{k-2}-9f_{k-3})$$

```
p(i+1)=y(i)+h.*(55.*fn-59.*fn_1+37.*fn_2-9.*fn_3)./24;
```

$$m_{k+1}=p_{k+1}+\frac{251}{270}(c_k-p_k) \qquad \text{（修正的预估值）}$$

```
m(i+1)=p(i+1)+251.*(c(i)-p(i))./270;
```

$$m'_{k+1}=f(t_{k+1},m_{k+1})$$

```
q(i+1)=feval(@fx,x(i+1),m(i+1));
```

$$c_{k+1}=y_k+\frac{h}{24}(9m'_{k+1}+19f_k-5f_{k-1}+f_{k-2}) \qquad \text{（修正的校正值）}$$

```
c(i+1)=y(i)+h.*(9.*q(i+1)+19.*fn-5.*fn_1+fn_2)./24;
```

$$y_{k+1}=c_{k+1}-\frac{19}{270}(c_{k+1}-p_{k+1})$$

```
y(i+1)=c(i+1)-19.*(c(i+1)-p(i+1))./270;
```

fn，fn_1，fn_2，fn_3 如何求解？

根据定义：

```
fn=feval(@fx,x(i),y(i));
fn_1=feval(@fx,x(i-1),y(i-1));
fn_2=feval(@fx,x(i-2),y(i-2));
fn_3=feval(@fx,x(i-3),y(i-3));
```

如何求解前三个点？

可根据 R-K 方法求解前三个点：

```
for i=1:3;
  x(i)=a+(i-1).*h;
  K1=h.*feval(@fx,x(i),y(i));
  K2=h.*feval(@fx,x(i)+h/2,y(i)+K1/2);
  K3=h.*feval(@fx,x(i)+h/2,y(i)+K2/2);
  K4=h.*feval(@fx,x(i)+h,y(i)+K3);
  y(i+1)=y(i)+(K1+2*K2+2*K3+K4)./6;
end
```

$i=4$，$p(4)$ 没有定义，故 $p(4)=0$。

同样，$c(4)$ 也没有定义，故 $c(4)=0$。

结果如图 1.6 所示。

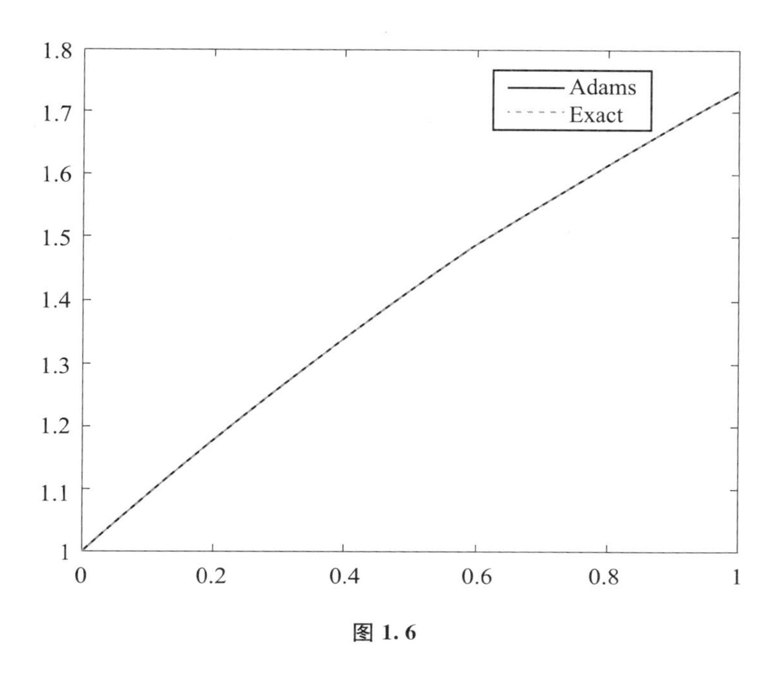

图 1.6

在区间［0，8］上的结果如图 1.7 所示。

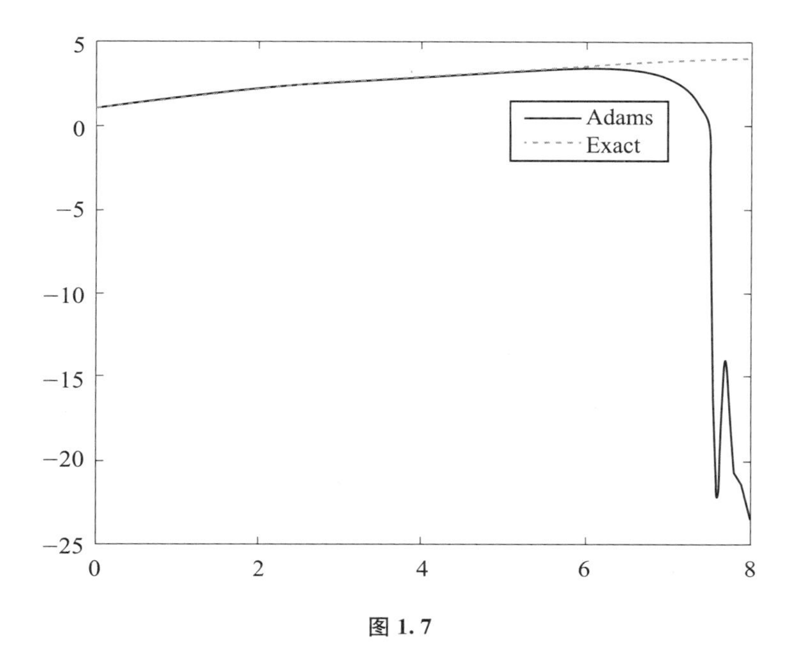

图 1.7

减小步长后，数值解与精确解很符合，如图 1.8 所示。

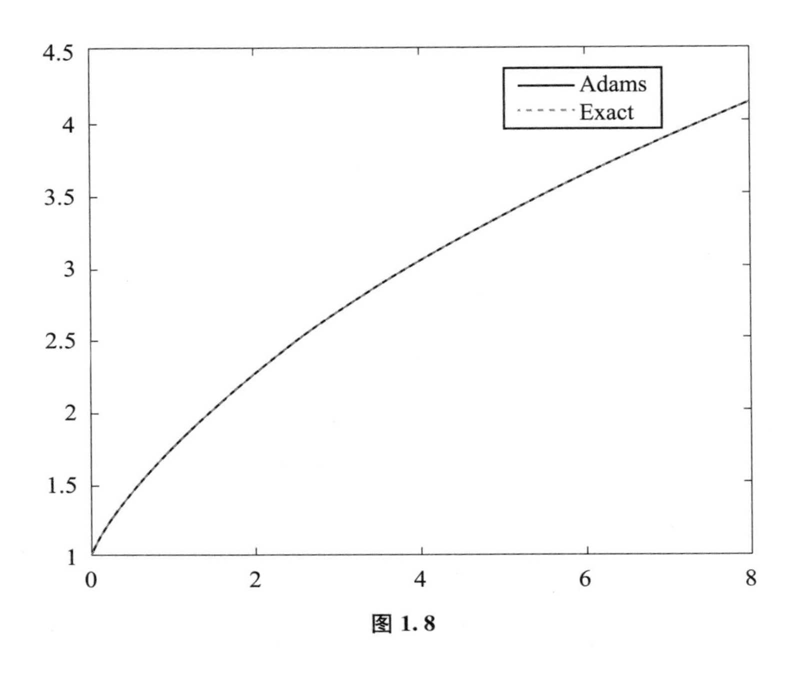

图 1.8

1.3 步长选择

到目前为止，求解区间的离散化都是采用等分点，也就是保持步长不变。以欧拉方法为例，欧拉方法是以折线来逼近常微分方程的精确解。折线序列中，每条折线的每一小段都是以右端点处方向场所规定的方向作为斜率的。因此，如果从区间 $[a, b]$ 中的某一点 t_k 出发，以 $h=t_{k+1}-t_k$ 为步长，用欧拉公式就可以得到点 t_{k+1} 处的近似值 $y_k^{(h)}$。如果以 $\frac{h}{2}$ 为步长，用欧拉公式计算两次，得到的近似值就为 $y_k^{(h/2)}$，显然 $y_k^{(h/2)}$ 比 $y_k^{(h)}$ 更接近真实值 $y(t_{k+1})$。如果用越小的步长反复多次使用欧拉公式，所得结果就越接近真实值。在某些特殊的积分区间上，若要满足精度要求，就必须使用较小的步长。但是若在整个积分区间都选取该步长，那么将极大地增加计算量，并且有些可能是重复计算，对提高精度无益。因此，在满足一定精度的前提下，如果能够根据函数 y' 的性质动态地选择步长，就能够尽可能地减少计算量，节省计算资源。在数值求解过程中，每一步的步长应该选择多少才合适呢?

假设采用 r 阶差分格式计算 $y(t_{k+1})$ 的近似值 y_{k+1}，并分别选取 h 和 $\frac{h}{2}$

为步长，其局部截断误差分别表示为

$$y(t_{k+1})-y_{k+1}^{(h)}=O(h^{r+1}) \tag{1.52}$$

$$y(t_{k+1})-y_{k+1}^{(\frac{h}{2})}=2O\left(\left(\frac{h}{2}\right)^{r+1}\right)=\frac{1}{2^r}O(h^{r+1}) \tag{1.53}$$

两式相比，可近似得

$$\frac{y(t_{k+1})-y_{k+1}^{(h)}}{y(t_{k+1})-y_{k+1}^{(\frac{h}{2})}}\approx 2^r$$

即
$$y(t_{k+1})-y_{k+1}^{(\frac{h}{2})}\approx\frac{y_{k+1}^{(\frac{h}{2})}-y_{k+1}^{(h)}}{2^r-1}$$

因此，在实际计算过程中只需要满足

$$|y_{k+1}^{(\frac{h}{2})}-y_{k+1}^{(h)}|\leqslant\varepsilon$$

就可以使得每一步的计算精度都能满足要求。这里 ε 为容许误差。

从以上分析可以看出，通常可以采用二分法选取步长，即以步长 $\frac{h}{2}$ 计算得到某一点的近似值与其真实值的差值，并用分别以步长 h 和步长 $\frac{h}{2}$ 计算得到的该点的两个数值之差进行估计。为了寻求合理的步长，可以反复使用二分法。假设从 t_k 到 t_{k+1}，依次以$\frac{h}{2^j}(j=0，1，\cdots)$ 为步长计算 $y_{k+1}^{(h/2^j)}$，直到满足$|y_{k+1}^{(\frac{h}{2^j})}-y_{k+1}^{(\frac{h}{2^{j-1}})}|\leqslant\varepsilon$ 为止。此时的 $\frac{h}{2^j}$ 就是满足精度要求的最佳步长，但不是最大步长。这样就实现了在数值计算过程中自动选取合适的步长，从而达到所要求的精度。

1.4　常微分方程组和高阶常微分方程

对于一阶常微分方程组的数值求解，前面介绍的一阶常微分方程的各种数值求解方法同样适用。以一阶常微分方程组为例

$$\begin{cases}\dfrac{\mathrm{d}y}{\mathrm{d}t}=f(t,y,z), & y(t_0)=y_0\\[2ex]\dfrac{\mathrm{d}z}{\mathrm{d}t}=g(t,y,z), & z(t_0)=z_0\end{cases} \tag{1.54}$$

可以对方程组中的每个方程分别求解。例如，采用欧拉方法求解该方程组，可以表示为

$$\begin{cases} y_{k+1} = y_k + hf(t_k, y_k, z_k) \\ y(t_0) = y_0 \\ z_{k+1} = z_k + hg(t_k, y_k, z_k) \\ z(t_0) = z_0 \end{cases}, \quad k = 0, 1, \cdots, n-1 \tag{1.55}$$

对于高阶常微分方程，如

$$\begin{cases} y'' = g(t, y, y') \\ y(t_0) = y_0, \quad y'(t_0) = y'_0 \end{cases} \tag{1.56}$$

可以将其转化为一阶常微分方程组

$$\begin{cases} y' = z \\ z' = g(t, y, z) \\ y(t_0) = y_0, \quad z(t_0) = y'_0 = z_0 \end{cases} \tag{1.57}$$

然后采用合适的数值方法求解。

1.5 边值问题

在实际问题中也常常碰到所谓的两点边值问题：

$$\begin{cases} y''(t) = f(t, y(t), y'(t)), \quad t \in [a, b] \\ a_0 y(a) - a_1 y'(a) = c_0 \\ b_0 y(b) + b_1 y'(b) = c_1 \end{cases} \tag{1.58}$$

当 $a_1 = b_1 = 0$ 时，是第一类边界条件；当 $a_0 = b_0 = 0$ 时，是第二类边界条件；其他情况是第三类边界条件。要得到方程组（1.58）的解的存在唯一性非常困难。打靶法（shooting method）是数值求解常微分方程两点边值问题的常用方法。这里先假设方程存在唯一解。

打靶法的基本思想是将常微分方程的边值问题转化为一系列初值问题。先考虑一个初值问题，即

$$\begin{cases} y'' = f(t, y, y'), \quad t \in [a, b] \\ a_0 y(a) - a_1 y'(a) = c_0 \\ d_0 y(a) - d_1 y'(a) = s \end{cases} \tag{1.59}$$

式中，s 为待定常数。可以选取适当的 d_0、d_1，使得 $d_0 a_1 - d_1 a_0 = 1$。这样方程的初始条件变为

$$\begin{cases} y'' = f(t, y, y'), \quad t \in [a, b] \\ y(a) = a_1 s - d_1 c_0 \\ y'(a) = a_0 s - d_0 c_0 \end{cases} \tag{1.60}$$

根据以上初值条件可以求解 $y(t,s)$。如果 s 选取得足够好，$y(t,s)$ 应满足边界条件

$$b_0 y(b,s) + b_1 y'(b,s) - c_1 = 0 = \phi(s) \tag{1.61}$$

这样就将问题转换为确定适当的 s 值的问题。可以通过 Newton 迭代法求解方程来得到合适的 s。设初始值为 s_0，则

$$s_{n+1} = s_n - \frac{\phi(s_n)}{\phi'(s_n)}, \quad n = 0,1,2,\cdots \tag{1.62}$$

接下来要解决的问题是如何得到 $\phi'(s_n)$。将方程组（1.60）对 s 求偏导，可得

$$\begin{cases} y''_s = f_2(t,y,y')y_s + f_3(t,y,y')y'_s \\ y_s(a) = a_1 \\ y'_s(a) = a_0 \end{cases} \tag{1.63}$$

式中

$$y_s = \frac{\partial y}{\partial s}$$

$$f_2(t,y,y') = \frac{\partial f(t,y,y')}{\partial y}$$

$$f_3(t,y,y') = \frac{\partial f(t,y,y')}{\partial y'}$$

这是一个关于 y_s 的初值问题。将方程组（1.63）与方程组（1.59）联立，可得联立方程组为

$$\begin{cases} y'_1 = y_2 \\ y'_2 = f(t,y_1,y_2) \\ y'_3 = y_4 \\ y'_4 = f_2(t,y_1,y_2)y_3 + f_3(t,y_1,y_2)y_4 \end{cases} \tag{1.64}$$

初值为

$$\begin{cases} y_1(a) = a_1 s_n - d_1 c_0 \\ y_2(a) = a_0 s - d_0 c_0 \\ y_3(a) = a_1 \\ y_4(a) = a_0 \end{cases}$$

式中，$y_1 = y$，$y_2 = y'$，$y_3 = y_s$，$y_4 = y'_s$。

求解常微分方程组（1.64）可以得到 $y_i(b)$（$i=1, 2, 3, 4$）。这样式（1.61）可以表示为

$$\phi(s_n) = b_0 y_1(b) + b_1 y_2(b) - c_1 \tag{1.65}$$

其对 s 求偏导可得

$$\phi'(s_n) = b_0 y_3(b) + b_1 y_4(b) \tag{1.66}$$

将式（1.65）和式（1.66）代入式（1.62），可以得到 s_{n+1}。如此迭代下去，可求得所需的 s 值，最终得到两点边值问题的数值解。

可以看出，打靶法就是将常微分方程的边值问题转化为初值问题，通过适当选取和调整初值条件，求解一系列初值问题，使之逼近给定的边界条件。如果将描述的曲线视作弹道，那么方程组（1.58）中的 $y(a)$ 就是射击位置，$y'(a)$ 就是射击方向，而求解 s 值的过程就是不断调整射击方向，使方程组的解满足边界条件，打到预定的靶子。

1.6 有限差分法

有限差分法是一种求解微分方程数值解的近似方法，其主要思想是将微分方程中的微分项直接进行差分近似，从而将微分方程转化为代数方程组求解。随着计算机技术和数值算法的快速发展，有限差分法已成为微分方程数值求解的重要方法之一，在众多领域得到广泛的应用和发展。

在有限差分法中，我们放弃了微分方程中独立变量取连续值的特征，而关注独立变量离散化后对应的函数值。原则上，这种方法仍然可以达到任意满意的计算精度，因为方程的连续数值解可以通过减小独立变量离散取值的间隔，或者通过离散点上的函数值插值来近似得到。因此，有限差分法包括两步：

（1）构造差分方程组。用差分代替微分方程中的微分，将连续变化的变量离散化，从而得到差分方程组的数学形式。

（2）求解差分方程组。

在第一步中，一般通过网格分割法将函数定义域分成大量相邻而不重合的子区域，通常采用的是规则的网格分割方式，网格线的交点称为节点。通常以定步长 h 将区间 $[a, b]$ 离散化，得到一系列点，如

$$x_i = a + ih, \quad i = 0,1,2,\cdots,n$$

$$x_{n+1} = x_n + h = b$$

将函数定义域离散化后，需要求出特定问题在所有这些节点上的近似值，因此数值求解的关键就是要找到适当的数值计算方法。设一个函数在点 x 处的一阶和二阶微商可以近似地用其相邻两点的函数值的差分来表示，即

$$f(x_i + h) - f(x_i)$$

$f(x_i)-f(x_i-h)$

$f(x_i+h)-f(x_i-h)$

以上各式分别称为节点 x_i 的一阶向前、向后和中心差分。将其进行泰勒展开，得

$$f(x_i-h)=f(x_i)-hf'(x_i)+\frac{h^2}{2}f''(x_i)-\frac{h^3}{3!}f'''(x_i)+\frac{h^4}{4!}f^{(4)}(x_i)+\cdots \tag{1.67}$$

$$f(x_i+h)=f(x_i)+hf'(x_i)+\frac{h^2}{2}f''(x_i)+\frac{h^3}{3!}f'''(x_i)+\frac{h^4}{4!}f^{(4)}(x_i)+\cdots \tag{1.68}$$

忽略以上两式中 h 的二次及更高阶项，可以分别得到一阶微分的向前、向后差商，表示为

$$f'(x_i)\approx\frac{f(x_i+h)-f(x_i)}{h} \tag{1.69}$$

$$f'(x_i)\approx\frac{f(x_i)-f(x_i-h)}{h} \tag{1.70}$$

将式（1.67）和式（1.68）相减，并忽略 h 的二次及更高阶项，可以得到一阶微分的中心差商，表示为

$$f'(x_i)\approx\frac{f(x_i+h)-f(x_i-h)}{2h} \tag{1.71}$$

将式（1.67）和式（1.68）相加，并忽略 h 的三次及更高阶项，可以得到二阶微分的中心差商，表示为

$$f''(x_i)\approx\frac{f(x_i+h)-2f(x_i)+f(x_i-h)}{h^2} \tag{1.72}$$

利用上面几个公式，可以构造出微分方程的差分形式。

常微分方程的边值问题也可以采用有限差分法进行数值求解。将节点 x_i 的一阶和二阶中心差商代入方程组（1.58），可得差分方程

$$\frac{y_{i+1}-2y_i+y_{i-1}}{h^2}=f\left(t,y_i,\frac{y_{i+1}-y_{i-1}}{2h}\right),\quad i=0,1,2,\cdots,n \tag{1.73}$$

习题

1. 在区间［0，16］上对方程 $\begin{cases}y'=y-\dfrac{2x}{y}\\ y(0)=1\end{cases}$ 的初值问题进行数值求解。

（1）用经典 Runge-Kutta 方法求解，取步长 $h=0.2$；

（2）用 Adams 预估-校正法求解，取步长 $h=0.1$；

(3) 用可变步长的 Adams 预估-校正法求解，初始步长设为 $h=0.1$。

2. 量子力学中一维无限深势阱的微分方程为

$$\frac{\mathrm{d}^2\varphi}{\mathrm{d}x^2}=-k^2\varphi$$

边界条件为

$$\varphi(0)=\varphi(1)=0$$

采用打靶法求解本征值和本征函数。

第二章 偏微分方程的数值求解

2.1 引　言

与常微分方程相比，偏微分方程由于包含两个或两个以上自变量，能够对物理、化学、材料、工程等领域大量的科学问题建立偏微分方程的数学模型，甚至能够对金融、经济领域中的现象和规律进行数学描述，因此应用极其广泛。然而，这些方程绝大多数只能进行数值求解。本章将介绍偏微分方程的数值求解方法，主要讨论自变量为 x 和 y 的二阶偏微分方程，即

$$A\frac{\partial^2 u}{\partial x^2}+B\frac{\partial^2 u}{\partial x\partial y}+C\frac{\partial^2 u}{\partial y^2}=f\left(x,y,u,\frac{\partial u}{\partial x},\frac{\partial u}{\partial y}\right)$$

的数值求解，其中 A、B、C 为常数。根据系数之间的关系，偏微分方程可以分为三类，即

- 如果 $B^2-4AC>0$，则称为双曲型方程；
- 如果 $B^2-4AC=0$，则称为抛物型方程；
- 如果 $B^2-4AC<0$，则称为椭圆型方程。

这三种方程分别对应振荡、稳定和扩散状态。

偏微分方程的数值求解主要采用有限差分法。下面将分别介绍以上三种偏微分方程的数值求解，并推导出差分方程。

2.2 双曲型方程

常见的双曲型方程为

$$\frac{\partial^2 u}{\partial t^2}-a^2\frac{\partial^2 u}{\partial x^2}=0 \tag{2.1}$$

也就是所谓的波动方程。而双曲型方程的典型形式是

$$\frac{\partial u}{\partial t}+a\frac{\partial u}{\partial x}=0 \tag{2.2}$$

即对流方程，这里 a 为常数。顾名思义，对流方程描述了流体中某种物质的物理量的变化规律，例如，传热过程中温度的变化规律、流体中溶质的浓度等的变化规律，等等。双曲型方程在流体力学中的应用十分广泛。

当给定初始条件

$$u(x,t=0)=\phi(x),\quad -\infty<x<+\infty$$

时，式（2.2）的解为

$$u(x,t)=\phi(x-at),\quad t>0$$

表示在 xOt 平面内，沿 $x-at=c$（c 为常数）的直线上，函数 u 的值保持不变，这条直线称为特征线。常数 a 决定了直线的方向，即对流的方向。当 $a>0$ 时，沿 x 轴正方向；反之，沿 x 轴负方向。

2.2.1　差分格式的建立

下面以式（2.2）为例，介绍双曲型方程的差分求解。为了建立差分格式，首先用差商代替微分方程中的微商，将连续变化的变量离散化，从而得到差分方程组的数学形式，然后求解差分方程组。

变量离散化通过采用网格分割法将函数定义域分成大量相邻而不重合的子区域。一般采用规则的网格分割方式，网格线的交点称为节点。

首先，将 xOt 平面用两组平行于坐标轴的等间距平行线分割成矩形网格，即

$$x_k=kh,\quad k=0,\pm1,\pm2,\cdots$$

$$t_j=t_0+j\tau,\quad j=0,1,2,\cdots$$

这里用 (k,j) 表示网格节点 (x_k,t_j)，用 $u(k,j)$ 表示 u 在 (x_k,t_j) 节点处的值；h 和 τ 分别表示 x 方向和 t 方向的网格宽度，也就是步长。

其次，分别利用一阶微商的向前、向后以及中心差商公式构造式（2.2）的差分格式。

向前差商公式

$$\begin{cases} u_t(k,j)=\dfrac{u(k,j+1)-u(k,j)}{\tau}-\dfrac{\tau}{2}u_{tt}(k,\tilde{t}_1), & t_j\leqslant\tilde{t}_1\leqslant t_{j+1} \\ u_x(k,j)=\dfrac{u(k+1,j)-u(k,j)}{h}-\dfrac{h}{2}u_{xx}(\tilde{x}_1,j), & x_k\leqslant\tilde{x}_1\leqslant x_{k+1} \end{cases} \tag{2.3}$$

向后差商公式

$$\begin{cases} u_t(k,j)=\dfrac{u(k,j)-u(k,j-1)}{\tau}+\dfrac{\tau}{2}u_{tt}(k,\tilde{t}_2), & t_{j-1}\leqslant\tilde{t}_2\leqslant t_j \\ u_x(k,j)=\dfrac{u(k,j)-u(k-1,j)}{h}+\dfrac{h}{2}u_{xx}(\tilde{x}_2,j), & x_{k-1}\leqslant\tilde{x}_2\leqslant x_k \end{cases} \tag{2.4}$$

中心差商公式

$$\begin{cases} u_t(k,j)=\dfrac{u(k,j+1)-u(k,j-1)}{2\tau}-\dfrac{\tau^2}{6}u_{ttt}(k,\tilde{t}_3), & t_{j-1}\leqslant\tilde{t}_3\leqslant t_{j+1} \\ u_x(k,j)=\dfrac{u(k+1,j)-u(k-1,j)}{2h}-\dfrac{h^2}{6}u_{xxx}(\tilde{x}_3,j), & x_{k-1}\leqslant\tilde{x}_3\leqslant x_{k+1} \end{cases} \tag{2.5}$$

将这些差商公式分别代入式（2.2），即可构造出不同的差分格式，并建立相应的差分方程。

1. 逆风（upwind）差分格式

将向前差商公式（2.3）代入式（2.2），可得

$$\frac{u(k,j+1)-u(k,j)}{\tau}+a\frac{u(k+1,j)-u(k,j)}{h}-R_1(h,\tau)=0 \tag{2.6}$$

其截断误差为

$$R_1(h,\tau)=\frac{\tau}{2}u_{tt}(k,\tilde{t}_1)+\frac{ah}{2}u_{xx}(\tilde{x}_1,j)=O(\tau,h)$$

略去误差项，并用近似值 $u_{k,j}$ 取代函数值 $u(k,j)$，差分方程可以表示为

$$\frac{u_{k,j+1}-u_{k,j}}{\tau}+a\frac{u_{k+1,j}-u_{k,j}}{h}=0 \tag{2.7}$$

即

$$u_{k,j+1}=u_{k,j}-ar(u_{k+1,j}-u_{k,j}) \tag{2.8}$$

这里 $r=\frac{\tau}{h}$。结合初始条件 $u_{k,0}=\varphi_k$（$k=0,\pm1,\pm2,\cdots$），这样就构造出了逆风差分格式

$$\begin{cases} u_{k,j+1} = u_{k,j} - ar(u_{k+1,j} - u_{k,j}) \\ u_{k,0} = \varphi_k \end{cases} \tag{2.9}$$

2. FTCS（forward time centered space）差分格式

该差分格式是将时间微分采用向前差商公式（2.3），而空间微分采用中心差商公式（2.5），然后代入式（2.2）构造的，即

$$\begin{cases} u_{k,j+1} = u_{k,j} - \dfrac{ar}{2}(u_{k+1,j} - u_{k-1,j}) \\ u_{k,0} = \varphi_k \end{cases} \tag{2.10}$$

3. 蛙跳差分格式

即时间和空间微分都采用中心差商公式（2.5），代入式（2.2）可得

$$\begin{cases} u_{k,j+1} = u_{k,j-1} - ar(u_{k+1,j} - u_{k-1,j}) \\ u_{k,0} = \varphi_k \end{cases} \tag{2.11}$$

4. Lax 差分格式

可以利用双曲型方程的特征线来构造差分格式，如图 2.1 所示。假设直线 $t=t_j$ 的格点上的函数值 $u_{k,j}$ 已经被求出。要计算点（$k,j+1$）的函数值，可以通过点（$k,j+1$）引入特征线交直线 $t=t_j$ 于点 A。根据双曲型方程特征线的性质，点 A 的函数值和点（$k,j+1$）的函数值相等，但点 A 不一定是网格点。这里可以利用直线 $t=t_j$ 上点的值 $u_{k-1,j}$、$u_{k,j}$、$u_{k+1,j}$ 做插值来计算点 A 的近似值，从而得到 $u_{k,j+1}$。如果用 $u_{k-1,j}$、$u_{k+1,j}$ 两点做线性插值，那么可得

$$u_{k,j+1} = u_A \approx \frac{h - a\tau}{h} u_{k+1,j} + \frac{h + a\tau}{h} u_{k-1,j} \tag{2.12}$$

即

$$u_{k,j+1} = \frac{1}{2}(u_{k+1,j} + u_{k-1,j}) - \frac{ar}{2}(u_{k+1,j} - u_{k-1,j}) \tag{2.13}$$

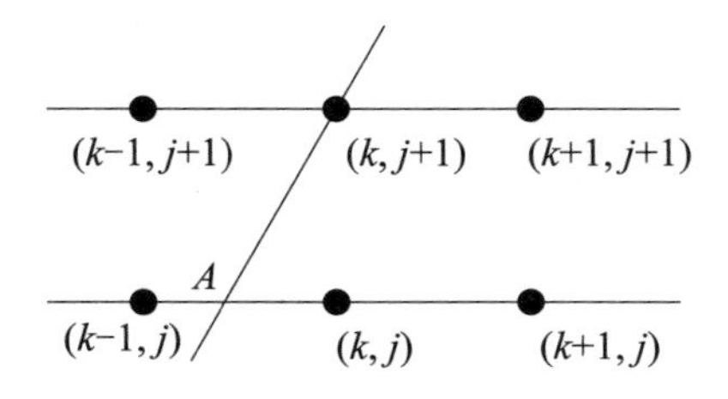

图 2.1　利用双曲型方程的特征线来构造 Lax 差分格式的示意图

说明：斜线代表方程的特征线，与直线 $t=t_j$ 相交于点 A。

5. Lax-Wendroff 差分格式

与 Lax 差分格式的思路类似，这里是利用 $u_{k-1,j}$、$u_{k,j}$、$u_{k+1,j}$ 三个点做二

次插值，构造出一个新的二阶差分格式

$$u_{k,j+1}=u_A\approx\frac{a\tau(h+a\tau)}{2h^2}u_{k-1,j}+\frac{(h^2-a^2\tau^2)}{h^2}u_{k,j}+\frac{a\tau(a\tau-h)}{2h^2}u_{k+1,j}$$

$$=u_{k,j}-\frac{a\tau}{2h}(u_{k+1,j}-u_{k-1,j})+\frac{a^2\tau^2}{2h^2}(u_{k+1,j}-2u_{k,j}+u_{k-1,j})$$

即

$$u_{k,j+1}=u_{k,j}-\frac{ar}{2}(u_{k+1,j}-u_{k-1,j})+\frac{a^2r^2}{2}(u_{k+1,j}-2u_{k,j}+u_{k-1,j}) \tag{2.14}$$

这就是 Lax-Wendroff 差分格式。

2.2.2 差分格式的相容性、收敛性和稳定性

在数值求解偏微分方程时，当步长 h 和 τ 都趋于 0 时，所建立的差分格式的截断误差也趋于 0，这表明差分格式的极限形式就是相应的微分方程，称为差分格式与相应的微分方程相容。另外，在求解过程中得到的数值解须逼近相应的微分方程的解，即当 h 和 τ 都趋于 0 时，有 $u_{k,j}-u(k,j)\to 0$，此时称该差分格式是收敛的。

差分格式的收敛性与偏微分方程的依赖区域有关。差分格式收敛的一个必要条件是：差分格式的依赖区域应包含微分方程的依赖区域，即 Courant 条件。此外，用差分格式数值求解初值问题时，每一步的计算都会引入舍入误差，而初值问题又是逐层计算的，因此误差会逐层传播。若在计算过程中误差传播越来越大，就可能会淹没真解，导致数值计算不稳定，这就是差分格式的稳定性问题。

对于微分方程的差分格式的相容性、收敛性和稳定性之间的关系，Lax 等价定理表明，对于一个适定的微分方程的初值问题，一个与它相容的差分格式收敛的充分必要条件是这个格式稳定。因此，这里主要讨论差分格式的稳定性问题。

差分格式的稳定性不但与差分格式有关，还与网格步长的比值有关。如果在一定步长下，差分格式是稳定的，则称该差分格式为条件稳定；如果对于任何步长，差分格式都是稳定的，则称该差分格式为无条件稳定；如果差分格式对于任何步长都不稳定，则称该差分格式为完全不稳定。

这里介绍一种讨论稳定性的常用方法——Fourier 方法，也称为 von Neumann 方法。

例如，对于逆风差分格式，其误差方程可以表示为

$$\varepsilon_{k,j+1}=\varepsilon_{k,j}-ar(\varepsilon_{k+1,j}-\varepsilon_{k,j}) \tag{2.15}$$

独立解的一般形式为

$$\varepsilon_{k,j}=G^{j}\mathrm{e}^{\mathrm{i}nx_k} \tag{2.16}$$

这里 n 为任意实数，$x_k=kh$。代入误差方程并消去因子 $G^j\mathrm{e}^{\mathrm{i}nx_k}$，可得

$$\begin{aligned}G&=1+ar-ar\mathrm{e}^{\mathrm{i}nh}\\&=1+ar-ar(\cos nh+\mathrm{i}\sin nh)\\&=1+2ar\sin^2\frac{nh}{2}-\mathrm{i}\cdot 2ar\sin\frac{nh}{2}\cos\frac{nh}{2}\end{aligned} \tag{2.17}$$

$|G|$ 为增长因子，当 $|G|>1$ 时，误差随着 j 指数增长；当 $|G|\leqslant 1$ 时，误差不增长。因此，逆风差分格式的数值稳定条件为

$$|G|\leqslant 1 \tag{2.18}$$

由式（2.17）可以得出

$$\begin{aligned}|G|^2&=\left(1+2ar\sin^2\frac{nh}{2}\right)^2+4(ar)^2\sin^2\frac{nh}{2}\cos^2\frac{nh}{2}\\&=1+4ar(1+ar)\sin^2\frac{nh}{2}\end{aligned}$$

即

$$|G|^2=1+4ar(1+ar)\sin^2\frac{nh}{2} \tag{2.19}$$

可以看出，只有当 $|ar|\leqslant 1$ 时，才满足 $|G|\leqslant 1$。因此逆风差分格式的稳定性条件为 $|ar|\leqslant 1$。

对于 FTCS 差分格式，其特征方程为

$$G=1-\frac{ar}{2}(\mathrm{e}^{\mathrm{i}nh}-\mathrm{e}^{-\mathrm{i}nh})=1-\mathrm{i}ar\sin nh \tag{2.20}$$

可得

$$|G|^2=1+a^2r^2\sin^2 nh \tag{2.21}$$

可以看出，$|G|$ 恒大于 1，因此，FTCS 格式是不稳定的。

以上几种差分格式的精度及稳定性条件如表 2.1 所示。

表 2.1　以上几种差分格式的精度及稳定性条件

差分格式	精度	稳定性条件
逆风差分格式	$O(\tau,h)$	$\lvert ar\rvert\leqslant 1$
FTCS 差分格式	$O(h)$	不稳定
蛙跳差分格式	$O(\tau^2,h^2)$	$\lvert ar\rvert\leqslant 1$
Lax 差分格式	$O(\tau,h^2/\tau,h^2)$	$\lvert ar\rvert\leqslant 1$
Lax-Wendroff 差分格式	$O(\tau^2,h^2)$	$\lvert ar\rvert\leqslant 1$

2.2.3　波动方程

$$
\begin{aligned}
&\frac{\partial^2 u}{\partial t^2}=a^2\frac{\partial^2 u}{\partial x^2}, \qquad 0\leqslant x\leqslant a,\quad 0\leqslant t\leqslant b\\
&u(0,t)=0, \qquad u(a,t)=0\\
&u(x,0)=f(x), \quad \frac{\partial u}{\partial t}(x,0)=g(x)
\end{aligned}
\tag{2.22}
$$

二阶微分方程的差分格式分别为

$$
\begin{aligned}
&u_{tt}(x,t)=\frac{u(x,t+\tau)-2u(x,t)+u(x,t-\tau)}{\tau^2}+O(\tau^2)\\
&u_{xx}(x,t)=\frac{u(x+h,t)-2u(x,t)+u(x-h,t)}{h^2}+O(h^2)
\end{aligned}
\tag{2.23}
$$

略去小量，并代入式（2.22）可得

$$
\frac{u_{k,j+1}-2u_{k,j}+u_{k,j-1}}{\tau^2}=a^2\,\frac{u_{k+1,j}-2u_{k,j}+u_{k-1,j}}{h^2}
\tag{2.24}
$$

令 $r=a\tau/h$，可得

$$
u_{k,j+1}=(2-2r^2)u_{k,j}+r^2(u_{k+1,j}+u_{k-1,j})-u_{k,j-1}, \quad k=2,3,\cdots,n-1
\tag{2.25}
$$

需要注意的是，当 $r^2<1$ 时，差分格式是稳定的。

将矩形 $\{(x,t)\mid 0\leqslant x\leqslant a,\ 0\leqslant t\leqslant b\}$ 划分为 $(n-1)\times(m-1)$ 个小矩形，长宽分别为 $\Delta x=h$，$\Delta t=\tau$。从底线 $t=t_1=0$ 开始，求格点 $u_{k,j}$ 的值，其中 $k=1, 2, \cdots, n$，$j=1, 2, \cdots, m$。在具体计算过程中，需要先给出 $j=1$ 和 2 的值。$j=1$ 的值就是初始值，但 $j=2$ 的值是未知的，需要根据边界函数 $g(x)$ 生成 $j=2$ 的近似值。通常有以下两种方法处理 $j=2$ 的近似值。

（1）在边界处固定 $x=x_k$，并对 $u(x,t)$ 在 $(x_k,0)$ 处进行泰勒展开

$$
u(x_k,j)=u(x_k,0)+u_t(x_k,0)\tau+O(\tau^2)
$$

这里

$$
\begin{cases}
u(x_k,0)=f(x_k)=f_k\\
u_t(x_k,0)=g(x_k)=g_k
\end{cases}
$$

从而得到 $j=2$ 的近似格式为

$$
u_{k,2}=f_k+\tau g_k, \quad k=2,3,\cdots,n-1
$$

通常 $u_{k,2}\neq u(x_k,t_2)$，并且误差将传播至整个网格，对数值计算的精度产生很大的影响。为了尽量避免这种情况，通常采用较小的步长 τ。

(2) 利用二阶泰勒公式构造第二行的值。通常边界函数 $f(x)$ 在区间内有二阶导数 $f''(x)$，即

$$u_{xx}(x,0)=f''(x)$$

利用二阶泰勒公式将 $u(x,\tau)$ 展开

$$u_{tt}(x_k,0)=a^2u_{xx}(x_k,0)=a^2f''(x_k)=a^2\frac{f_{k+1}-2f_k+f_{k-1}}{h^2}+O(h^2)$$

$$u(x,\tau)=u(x,0)+u_t(x,0)\tau+\frac{u_{tt}(x,0)\tau^2}{2}+O(\tau^3)$$

在 $x=x_k$ 处联立以上各式，可得

$$u(x_k,\tau)=f_k+\tau g_k+\frac{a^2\tau^2}{2h^2}(f_{k+1}-2f_k+f_{k-1})+O(h^2)O(\tau^2)+O(\tau^3)$$

$$u(k,2)=(1-r^2)f_k+\tau g_k+\frac{r^2}{2}(f_{k+1}+f_{k-1}),\quad k=2,3,\cdots,n-1$$

这样就得到了一个改进的 $j=2$ 的函数值的近似差分公式。

2.3 抛物型方程的差分解法

一维热传导方程是典型的抛物型方程，即

$$\frac{\partial u}{\partial t}=c\frac{\partial^2 u}{\partial x^2},\quad c>0,\quad 0\leqslant t\leqslant T \tag{2.26}$$

根据给定的初值和边值，该方程有以下两类定解条件。

(1) 初值问题，也就是求方程满足初始条件

$$u(x,t=0)=\phi(x),\quad -\infty<x<+\infty$$

的解。如果函数 $\phi(x)$ 是有界连续函数，那么该问题的有界解是唯一存在的，并且具有以下形式

$$u(x,t)=\frac{1}{\sqrt{4\pi ct}}\int_{-\infty}^{+\infty}\phi(\xi)\,\mathrm{e}^{-\frac{(x-\xi)^2}{4ct}}\mathrm{d}\xi,\quad t\geqslant 0,\quad |x|<\infty$$

(2) 初边值混合问题，也就是求函数在一个有限区域内既满足初始条件又满足边界条件的定解。假设 t 和 x 的取值范围分别为 $0\leqslant t\leqslant T$ 和 $0\leqslant x\leqslant a$，初始条件可以表示为

$$u(x,0)=\phi(x),\quad t=0,\quad 0\leqslant x\leqslant a$$

边界条件可以表示为

$$u(0,t)=g_1(t),\quad u(a,t)=g_2(t),\quad t\geqslant 0\ \text{（第一类边界条件）}$$

$$\begin{cases} u_x - \lambda_1(t)u|_{x=0} = g_1(t) \\ u_x + \lambda_2(t)u|_{x=a} = g_2(t) \end{cases}, \quad 0 \leqslant t \leqslant T \text{（第二、三类边界条件）}$$

式中，$\lambda_1(t) \geqslant 0$，$\lambda_2(t) \geqslant 0$。当 $\lambda_1(t)$ 和 $\lambda_2(t)$ 都为 0 时，对应的是第二类边界条件；当 $\lambda_1(t)+\lambda_2(t) \neq 0$ 时，对应的是第三类边界条件。

这里主要讨论一维热传导方程的初边值混合问题的差分解法。

2.3.1　差分公式

类似地，先将求解区域 $0 \leqslant t \leqslant T$ 和 $0 \leqslant x \leqslant a$ 网格化，沿 t 和 x 方向的步长分别为 τ 和 h，然后在此基础上构造差分格式。式（2.26）中不仅包含一阶微商，还包含二阶微商，因此除了用到一阶差商公式（2.3）外，还要用到二阶差商公式（1.72），即

$$u_{xx}(k,j) = \frac{u(k+1,j) - 2u(k,j) + u(k-1,j)}{h^2} - \frac{h^2}{12} u_x^{(4)}(\tilde{x},j) \tag{2.27}$$

式中，$|\tilde{x} - x_k| \leqslant h$。

将向前差商公式（2.3）和二阶差商公式（2.27）代入式（2.26）可得

$$\frac{u(k,j+1) - u(k,j)}{\tau} - c\frac{u(k+1,j) - 2u(k,j) + u(k-1,j)}{h^2} - R_c = 0 \tag{2.28}$$

这里误差项为

$$R_c = \frac{\tau}{2} u_{tt}(k,\tilde{t}_1) - \frac{ch^2}{12} u_x^{(4)}(\tilde{x},j) = O(\tau + h^2)$$

略去误差项，并将 $u(k,j)$ 的近似值 $u_{k,j}$ 代入，可得

$$u_{k,j+1} = u_{k,j} + cr(u_{k+1,j} - 2u_{k,j} + u_{k-1,j}) \tag{2.29}$$

式中，$r = \frac{\tau}{h^2}$。如果第 j 层的近似值已经求得，那么通过式（2.29）可以计算得到网格中第 $j+1$ 层的近似值。该差分格式称为显式差分格式。

如果一阶微商分别采用向后差商公式（2.4）和中心差商公式（2.5），那么可以得到另外两种差分近似公式，即

$$u_{k,j} = u_{k,j-1} + cr(u_{k+1,j} - 2u_{k,j} + u_{k-1,j}) \tag{2.30}$$

和

$$u_{k,j+1} = u_{k,j-1} + 2cr(u_{k+1,j} - 2u_{k,j} + u_{k-1,j}) \tag{2.31}$$

这两个差分格式分别称为隐式差分格式和 Richardson 差分格式。

2.3.2 Crank-Nicolson 法

该方法由 John Crank 和 Phyllis Nicolson 提出，用于求解方程在网格中相邻两行之间的点$\left(k,j+\frac{1}{2}\right)$处的近似解。对 $u_t\left(k,j+\frac{1}{2}\right)$采用中心差商公式（2.5）并忽略误差项，可得

$$u_t\left(k,j+\frac{1}{2}\right)=\frac{u(k,j+1)-u(k,j)}{\tau} \tag{2.32}$$

$u_{xx}\left(k,j+\frac{1}{2}\right)$也可以采用 $u_{xx}(k,j)$ 和 $u_{xx}(k,j+1)$ 的算术平均值来表示，即

$$\left.\frac{\partial^2 u}{\partial x^2}\right|_{k,j+\frac{1}{2}}=\frac{1}{2}\left(\left.\frac{\partial^2 u}{\partial x^2}\right|_{k,j+1}+\left.\frac{\partial^2 u}{\partial x^2}\right|_{k,j}\right) \tag{2.33}$$

将式（2.32）和式（2.33）代入式（2.26），可得

$$\begin{aligned}u_{k,j+1}=u_{k,j}&+\frac{1}{2}cr(u_{k+1,j+1}-2u_{k,j+1}+u_{k-1,j+1})\\&+\frac{1}{2}cr(u_{k+1,j}-2u_{k,j}+u_{k-1,j})\end{aligned} \tag{2.34}$$

这就是一维热传导方程的 Crank-Nicolson 法，也称为六点差分格式。

2.3.3 边界条件的差分公式

对于第一类边值问题，边界条件可以表示为

$$\begin{cases}u_{0,j}=g_1(\tau j)\\u_{a,j}=g_2(\tau j)\end{cases},\quad j=0,1,2,\cdots \tag{2.35}$$

对于第二类边值问题，由于含有微商，因此需要利用差商公式。

（1）直接用差商代替微商。

对 $u_x(0,t)$ 采用向前差商公式，对 $u_x(a,t)$ 采用向后差商公式，可得

$$\begin{aligned}u_x(0,t)&=\frac{u(h,t)-u(0,t)}{h}-\frac{h}{2}u_{xx}(\tilde{x},t)\\u_x(a,t)&=\frac{u(x_N,t)-u(x_{N-1},t)}{h}-\frac{h}{2}u_{xx}(\tilde{x},t),\quad Nh=a\end{aligned} \tag{2.36}$$

因此，边界条件的差分公式为

$$\begin{cases}\dfrac{u_{1,j}-u_{0,j}}{h}-\lambda_{1j}u_{0,j}=g_{1j}\\[2ex]\dfrac{u_{N,j}-u_{N-1,j}}{h}-\lambda_{2j}u_{N,j}=g_{2j}\end{cases} \tag{2.37}$$

（2）将网格沿 x 轴正向移动半个步长，可得

$$\begin{cases} x = \left(k + \dfrac{1}{2}\right)h, & k = -1,0,1,\cdots,N \\ t = \tau j, & j = 0,1,2,\cdots,\dfrac{T}{\tau} \end{cases} \tag{2.38}$$

用中心差商代替 $\dfrac{\partial u}{\partial x}$，可得

$$\begin{cases} \left.\dfrac{\partial u}{\partial x}\right|_{0,t} = \dfrac{u(x_0,t) - u(x_{-1},t)}{h} \\ \left.\dfrac{\partial u}{\partial x}\right|_{a,t} = \dfrac{u(x_N,t) - u(x_{N-1},t)}{h} \end{cases} \tag{2.39}$$

虽然（$0,t$）和（a,t）都不在新的网格点上，但是可以用 $u(x_0,t)$ 和 $u(x_{-1},t)$ 的算术平均值来代替 $u(0,t)$，用 $u(x_N,t)$ 和 $u(x_{N-1},t)$ 的算术平均值来代替 $u(a,t)$，这样就得到了边界条件的差分公式：

$$\begin{cases} \dfrac{u_{0,j} - u_{-1,j}}{h} - \lambda_{1j}\dfrac{u_{0,j} - u_{-1,j}}{h} = g_{1j} \\ \dfrac{u_{N,j} - u_{N-1,j}}{h} - \lambda_{2j}\dfrac{u_{N,j} - u_{N-1,j}}{h} = g_{2j} \end{cases} \tag{2.40}$$

在使用这一差分公式时，要求函数的解能延拓到求解区域以外，并且在计算 $u_{k,j}$ 内部点处的值之后，需再用插值法求出 $x=0$ 和 $x=a$ 处的函数值。

以上几种差分格式的精度和稳定性条件总结如表 2.2 所示。

表 2.2　以上几种差分格式的精度和稳定性条件

差分格式	精度	稳定性条件
显式差分格式	$O(\tau,h^2)$	$cr\leqslant 1/2$
隐式差分格式	$O(\tau,h^2)$	无条件稳定
Richardson 差分格式	$O(\tau^2,h^2)$	完全不稳定
六点差分格式	$O(\tau^2,h^2)$	无条件稳定

2.3.4　二维热传导方程

$$\begin{cases} \dfrac{\partial u}{\partial t} = \dfrac{\partial^2 u}{\partial x^2} + \dfrac{\partial^2 u}{\partial y^2}, & 0\leqslant x\leqslant a, \quad 0\leqslant y\leqslant b, \quad 0<t<T \\ u(x,y,0) = f(x,y), & 0\leqslant x\leqslant a, \quad 0\leqslant y\leqslant b \\ u(0,y,t) = \psi_1(y,t), & 0\leqslant y\leqslant b, \quad 0\leqslant t\leqslant T \\ u(a,y,t) = \psi_2(y,t), & 0\leqslant y\leqslant b, \quad 0\leqslant t\leqslant T \\ u(x,0,t) = \varphi_1(x,t), & 0\leqslant x\leqslant a, \quad 0\leqslant t\leqslant T \\ u(x,b,t) = \varphi_2(x,t), & 0\leqslant x\leqslant a, \quad 0\leqslant t\leqslant T \end{cases} \tag{2.41}$$

求在 $0\leqslant x\leqslant a$，$0\leqslant y\leqslant b$，$0\leqslant t\leqslant T$ 区域内满足上述方程和边界条件的函数 $u(x,y,t)$。

原则上可以利用前面介绍的几种差分格式。当方程中有两个空间变量、一个时间变量时，可以选取如下网格对求解区域离散化

$$x_i = ih_x,\quad i=0,1,2,\cdots,N$$

$$y_k = kh_y,\quad k=0,1,2,\cdots,M$$

$$t_j = j\tau,\quad j=0,1,2,\cdots,L$$

其显式差分格式为

$$\begin{cases}\dfrac{u_{i,k}^{j+1}-u_{i,k}^{j}}{\tau}=\dfrac{u_{i+1,k}^{j}-2u_{i,k}^{j}+u_{i-1,k}^{j}}{h_x^2}+\dfrac{u_{i,k+1}^{j}-2u_{i,k}^{j}+u_{i,k-1}^{j}}{h_y^2}\\ u_{i,k}^{0}=f_{i,k}\\ u_{0,k}^{j}=\psi_{1,k}^{j}\\ u_{a,k}^{j}=\psi_{2,k}^{j}\\ u_{i,0}^{j}=\varphi_{i,1}^{j}\\ u_{i,b}^{j}=\varphi_{i,2}^{j}\end{cases}\tag{2.42}$$

这里 h_x、h_y 和 τ 分别为 x、y、t 方向的步长。显式差分格式的稳定性条件为

$$\left(\frac{1}{h_x^2}+\frac{1}{h_y^2}\right)\tau\leqslant\frac{1}{2}$$

对于 n 维热传导方程，其显式差分格式的稳定性条件为

$$\left(\frac{1}{h_x^2}+\frac{1}{h_y^2}\right)\tau\leqslant\frac{1}{n}$$

可以看出，随着维度的增大，稳定性条件要求减小时间步长，这样会导致计算量越来越大。下面简要介绍热传导方程的交替方向法。以二维热传导方程为例，交替方向法的基本思想就是将一个二维问题逐渐转化为两个一维问题来进行处理。

1. Peaceman-Rachford 差分格式

该方法将两个二阶差商分开，在每一个时间层上只计算其中一个，另一个用已知值代替，这样就得到了仅在一个方向上是隐式的差分格式，比较容易求解。对于第二个时间层，在另外一个方向上重复以上过程。这样相继的两个时间层构成了完整的一步。差分格式的形式如下：

$$\begin{cases}\dfrac{u_{i,k}^{2j+1}-u_{i,k}^{2j}}{\tau}=\dfrac{u_{i+1,k}^{2j+1}-2u_{i,k}^{2j+1}+u_{i-1,k}^{2j+1}}{h_x^2}+\dfrac{u_{i,k+1}^{2j}-2u_{i,k}^{2j}+u_{i,k-1}^{2j}}{h_y^2}\\ \dfrac{u_{i,k}^{2j+2}-u_{i,k}^{2j+1}}{\tau}=\dfrac{u_{i+1,k}^{2j+1}-2u_{i,k}^{2j+1}+u_{i-1,k}^{2j+1}}{h_x^2}+\dfrac{u_{i,k+1}^{2j+2}-2u_{i,k}^{2j+2}+u_{i,k-1}^{2j+2}}{h_y^2}\end{cases}\tag{2.43}$$

以上两个方程分别是关于 x 和 y 方向上的求解。在数值求解过程中，对相邻两个时间层交替使用以上两个方程。每个时间层上所需求解的方程组都是三对角的，求解过程要简单得多。此外，该差分格式是无条件稳定的。

2. Douglas-Rachford 差分格式

该差分格式为

$$\begin{cases}\dfrac{u_{i,k}^{j+\frac{1}{2}}-u_{i,k}^{j}}{\tau}=\dfrac{u_{i+1,k}^{j+\frac{1}{2}}-2u_{i,k}^{j+\frac{1}{2}}+u_{i-1,k}^{j+\frac{1}{2}}}{h_x^2}+\dfrac{u_{i,k+1}^{j}-2u_{i,k}^{j}+u_{i,k-1}^{j}}{h_y^2}\\[2ex]\dfrac{u_{i,k}^{j+1}-u_{i,k}^{j+\frac{1}{2}}}{\tau}=\dfrac{u_{i,k+1}^{j+1}-2u_{i,k}^{j+1}+u_{i,k-1}^{j+1}}{h_y^2}+\dfrac{u_{i,k+1}^{j}-2u_{i,k}^{j}+u_{i,k-1}^{j}}{h_y^2}\end{cases}$$

可以看出，该方法引入了过渡层 $j+\dfrac{1}{2}$，先计算出过渡层上的值，再计算 $j+1$ 层上的值。该差分格式也是无条件稳定的。尽管该差分格式在计算过程中需要存储更多数据，但是仍可以推广到三维情形，其差分格式为

$$\begin{cases}\dfrac{u_{i,k,l}^{j+\frac{1}{3}}-u_{i,k,l}^{j}}{\tau}=\dfrac{u_{i+1,k,l}^{j+\frac{1}{3}}-2u_{i,k,l}^{j+\frac{1}{3}}+u_{i-1,k,l}^{j+\frac{1}{3}}}{h_x^2}+\dfrac{u_{i,k+1,l}^{j}-2u_{i,k,l}^{j}+u_{i,k-1,l}^{j}}{h_y^2}\\[2ex]\qquad\qquad\qquad+\dfrac{u_{i,k,l+1}^{j}-2u_{i,k,l}^{j}+u_{i,k,l-1}^{j}}{h_z^2}\\[2ex]\dfrac{u_{i,k,l}^{j+\frac{2}{3}}-u_{i,k,l}^{j+\frac{1}{3}}}{\tau}=\dfrac{u_{i,k+1,l}^{j+\frac{2}{3}}-2u_{i,k,l}^{j+\frac{2}{3}}+u_{i,k-1,l}^{j+\frac{2}{3}}}{h_y^2}+\dfrac{u_{i,k+1,l}^{j}-2u_{i,k,l}^{j}+u_{i,k-1,l}^{j}}{h_y^2}\\[2ex]\dfrac{u_{i,k,l}^{j+1}-u_{i,k,l}^{j+\frac{2}{3}}}{\tau}=\dfrac{u_{i,k,l+1}^{j+1}-2u_{i,k,l}^{j+1}+u_{i,k,l-1}^{j+1}}{h_z^2}+\dfrac{u_{i,k,l+1}^{j}-2u_{i,k,l}^{j}+u_{i,k,l-1}^{j}}{h_z^2}\end{cases}$$

式中，h_z 为 z 方向的步长。

2.4　椭圆型方程的差分解法

椭圆型方程的代表是拉普拉斯（Laplace）方程

$$\Delta u=\frac{\partial^2 u}{\partial x^2}+\frac{\partial^2 u}{\partial y^2}=0 \tag{2.44}$$

和泊松（Poisson）方程

$$\Delta u=\frac{\partial^2 u}{\partial x^2}+\frac{\partial^2 u}{\partial y^2}=f(x,y) \tag{2.45}$$

方程的主要定解条件是边值条件，也就是求函数 $u(x,y)$ 在区域内满足偏微分方程和边界条件的解。数值求解的主要步骤如下：

（1）选取适当的网格将求解区域离散化，并构造微分方程的差分格式，得到差分方程；

（2）当网格步长 h 趋于 0 时，判断差分方程的解是否收敛到偏微分方程的解；

（3）求解相应的代数方程组。

下面以泊松方程为例，介绍椭圆型方程的差分解法。

$$\begin{cases}\Delta u=\dfrac{\partial^2 u}{\partial x^2}+\dfrac{\partial^2 u}{\partial y^2}=f(x,y), \quad (x,y)\in\Omega \\ u|_{\Gamma}=\phi(x,y), \quad (x,y)\in\Gamma\end{cases} \tag{2.46}$$

先将平面 xOy 用两组平行线离散成网格，即

$$\begin{aligned}&x=ih_x, \quad i=0,\pm1,\pm2,\cdots \\ &y=kh_y, \quad k=0,\pm1,\pm2,\cdots\end{aligned} \tag{2.47}$$

h_x 和 h_y 分别为步长，网格的交点即节点。属于求解区域 Ω 内的点称为内点。若一个节点的所有四个相邻节点均属于 $\Omega+\Gamma$，则称该节点为正则内点；若一个节点的四个相邻节点中至少有一个点不属于 $\Omega+\Gamma$，则称该节点为非正则内点。正则内点的差分与前面一致，即

$$\begin{aligned}&\frac{\partial^2 u(i,k)}{\partial x^2}\approx\frac{u(i+1,k)-2u(i,k)+u(i-1,k)}{h_x^2} \\ &\frac{\partial^2 u(i,k)}{\partial y^2}\approx\frac{u(i,k+1)-2u(i,k)+u(i,k-1)}{h_y^2}\end{aligned} \tag{2.48}$$

得到差分方程

$$\frac{1}{h_x^2}(u_{i+1,k}-2u_{i,k}+u_{i-1,k})+\frac{1}{h_y^2}(u_{i,k+1}-2u_{i,k}+u_{i,k-1})=f_{i,k} \tag{2.49}$$

当 $h_x=h_y=h$ 时，差分方程可简化为

$$\frac{1}{h^2}(u_{i+1,k}+u_{i-1,k}+u_{i,k+1}+u_{i,k-1}-4u_{i,k})=f_{i,k} \tag{2.50}$$

由于该差分格式采用了五个点，故通常称为五点格式。该差分格式的稳定性条件为 $\dfrac{h_y^2}{h_x^2}\leqslant 1$。

另一种五点格式为

$$\frac{1}{2h^2}(u_{i+1,k+1}+u_{i+1,k-1}+u_{i-1,k+1}+u_{i-1,k-1}-4u_{i,k})=f_{i,k} \tag{2.51}$$

对于区域 Ω 内的点，应用差分格式式（2.50）或式（2.51），可以得到一组方程组。对于非正则内点，需要另行处理，处理方式主要有以下两种：

（1）直接转移，也就是将离非正则内点最近的边界与网格相交的点的值

赋给该非正则内点。如图 2.2 所示，点 S 为非正则内点，而边界与网格相交的点 T 距离其最近。因此可以直接将点 T 的值赋给点 S，即 $u(S)\approx u(T)=\phi(T)$。

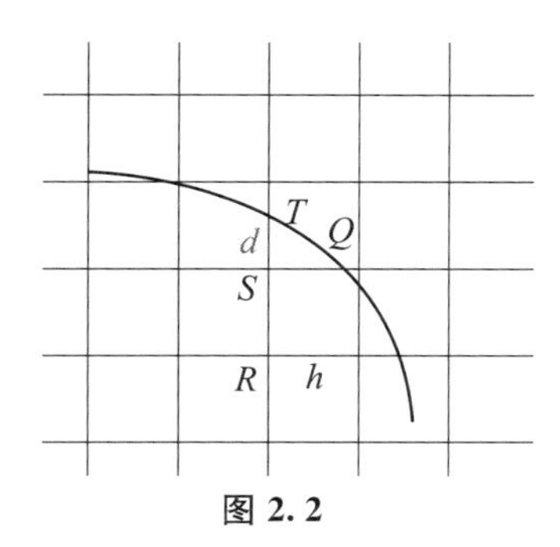

图 2.2

说明：图中，点 S 为非正则内点，点 R 为正则内点，点 T 和点 Q 为边界与网格的交点，且点 T 距离点 S 最近，距离为 d。

（2）做线性插值。例如在图 2.2 中，可以把点 T 和点 R 做线性插值得到的结果作为点 S 的值，即

$$u(S)=\frac{h}{h+d}\phi(T)+\frac{d}{h+d}u(R) \tag{2.52}$$

式中，h 为网格步长，d 为点 S 和点 T 间的距离。

习题

1. 求解两端固定的弦上的振动形式，波动方程为

$$\frac{\partial^2 u}{\partial t^2}=4\,\frac{\partial^2 u(x,t)}{\partial x^2},\quad 0\leqslant x\leqslant 1,\ 0\leqslant t\leqslant 0.5$$

初始和边界条件分别为

$$u(0,t)=0,\quad u(1,t)=0$$

$$u(x,0)=\sin\pi x+\sin 2\pi x$$

$$u_t(x,0)=0$$

2. 求解如下拉普拉斯方程的边值问题

$$\begin{cases}\Delta u=0, & (x,y)\in[0,1]\\ u(x,0)=u(x,1)=0\\ u(0,y)=u(1,y)=1\end{cases}$$

第三章

分子动力学方法

3.1 基本原理与方法概述

分子动力学方法是一种计算机模拟实验方法，通过模拟微观粒子的运动过程来研究系统宏观性质的微观机理等。1957 年 Alder 和 Wainwright 首次采用分子动力学模拟研究了硬球模型系统中无序-有序转变问题，证实了硬球模型系统的一级相变行为。1964 年，Rahman 采用分子动力学方法研究了 Lennard-Jones 相互作用下液态 Ar 的结构和动力学性质。这些工作都为分子动力学的发展奠定了坚实的基础。计算机技术的突飞猛进、计算科学研究的不断深入以及更为真实的原子相互作用势的建立，极大地促进了分子动力学方法的发展。20 世纪 80 年代，研究人员发展了调节温度和压强的方法和理论，使得分子动力学方法能够研究不同条件下的系统的性质。1985 年，Car 和 Parrinello 在传统的分子动力学中引入了电子的虚拟动力学，首次把密度泛函理论与分子动力学有机地结合起来，提出了从头计算分子动力学方法，也称为 Car-Parrinello（CP）方法。随后，研究人员发展出更为精确的路径积分分子动力学方法。

分子动力学方法将多体系统中的粒子视为经典粒子，遵从牛顿运动方程。该方法通过数值求解多粒子的牛顿运动方程组，得到每个粒子在不同时刻的坐标和动量，也就是相空间的运动轨迹和系统微观状态，利用统计的思想和方法得到多体系统的宏观性质。因此，分子动力学方法能够深入分析微观原子尺度，建立系统宏观性质与微观结构之间的联系，对于许多理论分析和实验观测给出了微观的认识和理解。到目前为止，分子动力学方法已经广泛应用于凝聚态物理、材料科学、核物理、化学、生物及医药等多个不同领域，发挥着越来越重要的作用。

对于一个有相互作用的 N 粒子经典系统，系统在相空间的运动轨迹满足拉格朗日运动方程，即

$$\frac{\mathrm{d}}{\mathrm{d}t}\left(\frac{\partial \mathcal{L}}{\partial \dot{q}_i}\right)-\frac{\partial \mathcal{L}}{\partial q_i}=0, \quad i=1,2,\cdots,N \tag{3.1}$$

式中，$\mathcal{L}=\mathcal{L}(\{q_i\},\{\dot{q}_i\},t)$，是拉格朗日函数，$\{q_i\}\{\dot{q}_i\}$分别为广义坐标和广义速度。对于孤立的保守系统，每个粒子在势场 U 中运动，则

$$\mathcal{L}(q_i,\dot{q}_i,t)=\frac{1}{2}m_i\dot{q}_i^2-U_i \tag{3.2}$$

系统的拉格朗日函数为

$$\mathcal{L}=\frac{1}{2}\sum_i m_i\dot{q}_i^2-\sum_i U_i \tag{3.3}$$

由此可以得到粒子 i 的牛顿运动方程

$$m_i\ddot{q}_i=-\frac{\partial U_i}{\partial q_i} \tag{3.4}$$

如果用广义动量 p_i 替换拉格朗日函数中的广义速度 $\dot{q}_i$，即

$$p_i=\frac{\partial \mathcal{L}}{\partial \dot{q}_i} \tag{3.5}$$

那么哈密顿量 $H=H(\{q_i\},\{p_i\},t)$ 可以表示为

$$\mathcal{H}=\sum_i \dot{q}_i p_i-\mathcal{L} \tag{3.6}$$

广义动量和广义坐标的哈密顿方程为

$$\dot{p}_i=-\frac{\partial \mathcal{H}}{\partial q_i} \tag{3.7}$$

$$\dot{q}_i=\frac{\partial \mathcal{H}}{\partial p_i} \tag{3.8}$$

在笛卡儿坐标系下，哈密顿方程为

$$\dot{\mathbf{r}}_i=\frac{\mathbf{p}_i}{m_i} \tag{3.9}$$

$$\dot{\mathbf{p}}_i=-\nabla_{\mathbf{r}_i}U \tag{3.10}$$

因此，计算 N 粒子系统中每个粒子的质心轨迹等价于求解 $6N$ 个一阶微分方程。

3.2　牛顿方程的数值解法

采用分子动力学方法时，必须对一组分子运动微分方程做数值求解，这

是一个微分方程的初值问题。

设系统包含 N 个质量为 m 的粒子，粒子间的相互作用势为 U。粒子的坐标、速度、动量分别表示为 $\mathbf{r}(t)$、$\mathbf{v}(t)$、$\mathbf{p}(t)$，则决定粒子运动的牛顿方程是

$$m\ddot{\mathbf{r}} = m\frac{\mathrm{d}^2\mathbf{r}}{\mathrm{d}t^2} = -\frac{\partial U}{\partial \mathbf{r}} \tag{3.11}$$

$$\mathbf{v}(t) = \dot{\mathbf{r}} = \frac{\mathrm{d}\mathbf{r}}{\mathrm{d}t} \tag{3.12}$$

有限差分法是数值求解牛顿方程的常用方法。在给定 t 时刻的坐标、速度、加速度等信息后，求解 $t+\delta t$ 时刻的坐标、速度等。这里 δt 是时间步长，时间步长需要足够小。如何选择时间步长将在后面具体讨论。

3.2.1 Verlet 算法

根据泰勒公式，在 t 时刻求 $t+\delta t$ 时刻的坐标和作用力时，坐标的向前和向后的泰勒展开式分别为

$$\mathbf{r}(t+\delta t) = \mathbf{r}(t) + \delta t\,\mathbf{v}(t) + \frac{1}{2}(\delta t)^2\mathbf{a}(t) + \cdots \tag{3.13}$$

$$\mathbf{r}(t-\delta t) = \mathbf{r}(t) - \delta t\,\mathbf{v}(t) + \frac{1}{2}(\delta t)^2\mathbf{a}(t) + \cdots \tag{3.14}$$

将式（3.13）和式（3.14）相加得到坐标的计算公式，即

$$\mathbf{r}(t+\delta t) = -\mathbf{r}(t-\delta t) + 2\mathbf{r}(t) + (\delta t)^2\mathbf{a}(t) + \cdots \tag{3.15}$$

将式（3.13）和式（3.14）相减可以得到

$$\mathbf{r}(t+\delta t) = \mathbf{r}(t-\delta t) + 2\delta t\,\mathbf{v}(t) \tag{3.16}$$

这样就得到了 t 时刻的速度公式，即

$$\mathbf{v}(t) = \frac{\mathbf{r}(t+\delta t) - \mathbf{r}(t-\delta t)}{2\delta t} \tag{3.17}$$

因此，坐标和速度分别可以表示为

$$\begin{aligned}\mathbf{r}(t+\delta t) &= -\mathbf{r}(t-\delta t) + 2\mathbf{r}(t) + (\delta t)^2\mathbf{a}(t) \\ \mathbf{v}(t) &= \frac{\mathbf{r}(t+\delta t) - \mathbf{r}(t-\delta t)}{2\delta t}\end{aligned} \tag{3.18}$$

这样就得到了数值求解牛顿方程的 Verlet 算法，由 Verlet 于 1967 年提出。可以看出，Verlet 算法利用了前两个时刻 $t-\delta t$ 和 t 的坐标以及 t 时刻的作用力，通过第一个方程计算下一个时刻 $t+\delta t$ 的坐标，这里并不需要速度的信息，t 时刻的速度可以通过第二个方程获得。可以看出，Verlet 算法需要连续记录两个时刻的坐标，因此也称为两步法。在实际计算过程中，如果只知

道初始时刻 t_0 的坐标 $\mathbf{r}(t_0)$ 和速度 $\mathbf{v}(t_0)$，则还需要给出 $t_0+\delta t$ 时刻的坐标 $\mathbf{r}(t_0+\delta t)$才能继续使用递推公式。通常采用如下公式计算 $\mathbf{r}(t_0+\delta t)$，即

$$\mathbf{r}(t_0+\delta t)\approx\mathbf{r}(t_0)+\delta t\,\mathbf{v}(t_0)+\frac{1}{2}(\delta t)^2\mathbf{a}(t_0) \tag{3.19}$$

式中，$\mathbf{a}(t_0)$ 是初始加速度，也就是作用力，可以通过初始坐标 $\mathbf{r}(t_0)$ 获得。

Verlet 算法计算简单，可以同时给出位置、速度与加速度，实际操作时占用的内存少，但存在的问题是要求的空间比较大，需要存储的量比较多，就三维结构来说，总共需要 $9N$ 个变量的存储空间。另外，该算法计算精度较差。例如，在坐标公式（3.15）中，$\mathbf{r}(t-\delta t)$ 和 $\mathbf{r}(t)$ 是步长的一阶量 $O(\delta t)$，而 $(\delta t)^2\mathbf{a}(t)$ 是步长的二阶量 $O((\delta t)^2)$，这就导致在数值计算过程中可能会丢失精度，引入误差。为此，人们对 Verlet 算法做了很多改进，速度 Verlet 算法就是其中之一。

3.2.2　速度 Verlet 算法

由式（3.18）可知，Verlet 算法中，计算 $t+\delta t$ 时刻的坐标 $\mathbf{r}(t+\delta t)$并没有用到速度的信息。如果在计算 $\mathbf{r}(t+\delta t)$时利用速度的信息，就可以得到速度 Verlet 算法。在该算法中，$t+\delta t$ 时刻的坐标表示为

$$\mathbf{r}(t+\delta t)=\mathbf{r}(t)+\delta t\,\mathbf{v}(t)+\frac{1}{2}(\delta t)^2\mathbf{a}(t) \tag{3.20}$$

而速度可表示为

$$\mathbf{v}(t+\delta t)=\mathbf{v}(t)+\frac{1}{2}\delta t\left[\mathbf{a}(t)+\mathbf{a}(t+\delta t)\right] \tag{3.21}$$

式（3.20）和式（3.21）构成了速度 Verlet 算法。可以看出，在该算法中，速度的更新必须先计算出新时刻的坐标。这与欧拉方法截然不同。根据欧拉方法，新时刻的速度可以表示为

$$\mathbf{v}(t+\delta t)=\mathbf{v}(t)+\mathbf{a}(t)\delta t \tag{3.22}$$

由式（3.20）和式（3.22）给出的系统演化会产生很大的能量偏移，其运动轨迹并不满足时间反演，并且坐标的误差为 $O((\delta t)^3)$。但是，速度 Verlet 算法得到的运动轨迹满足时间反演，且坐标的误差为 $O((\delta t)^4)$。

此外，速度 Verlet 算法与 Verlet 算法是等价的。为了证明这一点，首先可以将式（3.18）改写为

$$\mathbf{r}(t+\delta t)=\mathbf{r}(t)+\frac{\mathbf{r}(t+\delta t)-\mathbf{r}(t-\delta t)}{2\delta t}\delta t+\frac{1}{2}(\delta t)^2\mathbf{a}(t)$$

将式（3.17）代入上式可以得到式（3.20）。因此，速度 Verlet 算法中的坐

标的更新与 Verlet 算法中的完全等价。

其次，根据式（3.20），速度可以表示为

$$\mathbf{v}(t)=\frac{\mathbf{r}(t+\delta t)-\mathbf{r}(t)}{\delta t}-\frac{1}{2}\delta t\,\mathbf{a}(t)$$

将 $t+\delta t$ 代入上式，可得

$$\mathbf{v}(t+\delta t)=\frac{\mathbf{r}(t+2\delta t)-\mathbf{r}(t+\delta t)}{\delta t}-\frac{1}{2}\delta t\,\mathbf{a}(t+\delta t)$$

该方程可以写为

$$\mathbf{v}(t+\delta t)=\frac{\mathbf{r}(t+2\delta t)-\mathbf{r}(t)}{\delta t}-\frac{\mathbf{r}(t+\delta t)-\mathbf{r}(t)}{\delta t}-\frac{1}{2}\delta t\,\mathbf{a}(t+\delta t)$$

利用式（3.17），上式可以变换为

$$\mathbf{v}(t+\delta t)=2\mathbf{v}(t+\delta t)-\frac{\mathbf{r}(t+\delta t)-\mathbf{r}(t)}{\delta t}-\frac{1}{2}\delta t\,\mathbf{a}(t+\delta t)$$

因此，$t+\delta t$ 时刻的速度可以表示为

$$\mathbf{v}(t+\delta t)=\frac{\mathbf{r}(t+\delta t)-\mathbf{r}(t)}{\delta t}+\frac{1}{2}\delta t\,\mathbf{a}(t+\delta t) \tag{3.23}$$

上式右边的第一项可以表示为

$$\frac{\mathbf{r}(t+\delta t)-\mathbf{r}(t)}{\delta t}=\mathbf{v}(t)+\frac{1}{2}\delta t\,\mathbf{a}(t) \tag{3.24}$$

代入式（3.23）可以得到式（3.21）。

由以上推导可以得出，速度 Verlet 算法与 Verlet 算法是等价的。

3.2.3 Leap-frog 算法

另一种算法称为 Leap-frog 算法，公式如下：

$$\mathbf{v}\left(t+\frac{1}{2}\delta t\right)=\mathbf{v}\left(t-\frac{1}{2}\delta t\right)+\delta t\,\mathbf{a}(t) \tag{3.25}$$

$$\mathbf{r}(t+\delta t)=\mathbf{r}(t)+\delta t\,\mathbf{v}\left(t+\frac{1}{2}\delta t\right) \tag{3.26}$$

$$\mathbf{v}(t)=\frac{1}{2}\left[\mathbf{v}\left(t+\frac{1}{2}\delta t\right)+\mathbf{v}\left(t-\frac{1}{2}\delta t\right)\right] \tag{3.27}$$

可以看出，该算法需要知道上一个时刻的坐标 $\mathbf{r}(t)$ 和加速度 $\mathbf{a}(t)$，以及中间时刻的速度 $\mathbf{v}\left(t-\frac{1}{2}\delta t\right)$。首先计算 $\mathbf{v}\left(t+\frac{1}{2}\delta t\right)$，然后计算新时刻的坐标 $\mathbf{r}(t+\delta t)$，再计算出 $\mathbf{v}(t)$。如果消去速度项，那么该算法本质上等价于 Verlet 算法，但比 Verlet 算法优越，其好处在于不需要处理两个大数的相减，从而尽可能地减小精度丢失。但相对于速度 Verlet 算法而言，该算法不能得到同

一时刻的坐标和速度。

3.2.4　Gear 预测校正法

预测校正法是分子动力学模拟中的常用算法之一，其基本思想是泰勒展开。已知当前时刻 t 的坐标、速度、加速度以及加速度的高阶导数，通过泰勒级数“预测”这些量在时刻 $t+\delta t$ 的值；根据坐标预测值计算原子间的作用力，并计算实际加速度；加速度实际值与预测值之间存在差值，根据此加速度差值校正得到 $t+\delta t$ 时刻的坐标、速度、加速度以及加速度的高阶导数。设 t 时刻的坐标为 $\mathbf{r}(t)$，根据泰勒展开，$t+\delta t$ 时刻坐标的预测值可以表示为

$$\mathbf{r}^p(t+\delta t)=\mathbf{r}(t)+\delta t\mathbf{v}(t)+\frac{1}{2}(\delta t)^2\mathbf{a}(t)+\frac{1}{6}(\delta t)^3\mathbf{b}(t)+\cdots \tag{3.28}$$

式中，$\mathbf{v}(t)$、$\mathbf{a}(t)$、$\mathbf{b}(t)$ 分别为 t 时刻的速度、加速度和三阶导数项，p 代表预测值。如果只保留三阶导数项，那么同理可得 $t+\delta t$ 时刻的速度、加速度以及三阶导数的预测值分别为

$$\mathbf{v}^p(t+\delta t)=\mathbf{v}(t)+\delta t\mathbf{a}(t)+\frac{1}{2}(\delta t)^2\mathbf{b}(t)+\cdots \tag{3.29}$$

$$\mathbf{a}^p(t+\delta t)=\mathbf{a}(t)+\delta t\mathbf{b}(t)+\cdots \tag{3.30}$$

$$\mathbf{b}^p(t+\delta t)=\mathbf{b}(t)+\cdots \tag{3.31}$$

根据新的原子坐标 $\mathbf{r}^p(t+\delta t)$ 可以计算得到新的加速度 $\mathbf{a}^c(t+\delta t)$。与预测的加速度 $\mathbf{a}^p(t+\delta t)$ 相比，可以估算预测值的误差，即

$$\delta\mathbf{a}(t+\delta t)=\mathbf{a}^c(t+\delta t)-\mathbf{a}^p(t+\delta t) \tag{3.32}$$

可以用该误差对各个预测值进行校正，校正后的坐标、速度、加速度等可以分别表示为

$$\mathbf{r}^c(t+\delta t)=\mathbf{r}^p(t+\delta t)+c_0\delta\mathbf{a}(t+\delta t) \tag{3.33}$$

$$\mathbf{v}^c(t+\delta t)=\mathbf{v}^p(t+\delta t)+c_1\delta\mathbf{a}(t+\delta t) \tag{3.34}$$

$$\mathbf{a}^c(t+\delta t)=\mathbf{a}^p(t+\delta t)+c_2\delta\mathbf{a}(t+\delta t) \tag{3.35}$$

$$\mathbf{b}^c(t+\delta t)=\mathbf{b}^p(t+\delta t)+c_3\delta\mathbf{a}(t+\delta t) \tag{3.36}$$

这样得到的 $t+\delta t$ 时刻的坐标、速度等更接近真实值。这里的修正系数 c_i（$i=0,1,2,3,\cdots$）可以通过求解矩阵本征值问题得到。该修正系数依赖于所要求解的微分方程的阶数。由于牛顿方程是二阶微分方程，故这里只给出二阶微分方程的情况，对于一阶微分方程，可参考文献 [2]。

如果定义一组矢量 $\mathbf{r}_0$、$\mathbf{r}_1$、$\mathbf{r}_2$、$\mathbf{r}_3$，这里 $\mathbf{r}_0$ 为原子的坐标，则

$$\mathbf{r}_1 = \delta t\left(\frac{\mathrm{d}\mathbf{r}_0}{\mathrm{d}t}\right)$$

$$\mathbf{r}_2 = \frac{1}{2}(\delta t)^2\left(\frac{\mathrm{d}^2\mathbf{r}_0}{\mathrm{d}t^2}\right) \tag{3.37}$$

$$\mathbf{r}_3 = \frac{1}{6}(\delta t)^3\left(\frac{\mathrm{d}^3\mathbf{r}_0}{\mathrm{d}t^3}\right)$$

式（3.28）至式（3.31）和式（3.33）至式（3.36）可以分别表示成矩阵形式

$$\begin{pmatrix} \mathbf{r}_0^p(t+\delta t) \\ \mathbf{r}_1^p(t+\delta t) \\ \mathbf{r}_2^p(t+\delta t) \\ \mathbf{r}_3^p(t+\delta t) \end{pmatrix} = \begin{pmatrix} 1 & 1 & 1 & 1 \\ 0 & 1 & 2 & 3 \\ 0 & 0 & 1 & 3 \\ 0 & 0 & 0 & 1 \end{pmatrix} \begin{pmatrix} \mathbf{r}_0(t) \\ \mathbf{r}_1(t) \\ \mathbf{r}_2(t) \\ \mathbf{r}_3(t) \end{pmatrix}$$

$$\begin{pmatrix} \mathbf{r}_0^c(t+\delta t) \\ \mathbf{r}_1^c(t+\delta t) \\ \mathbf{r}_2^c(t+\delta t) \\ \mathbf{r}_3^c(t+\delta t) \end{pmatrix} = \begin{pmatrix} \mathbf{r}_0^p(t+\delta t) \\ \mathbf{r}_1^p(t+\delta t) \\ \mathbf{r}_2^p(t+\delta t) \\ \mathbf{r}_3^p(t+\delta t) \end{pmatrix} + \begin{pmatrix} c_0 \\ c_1 \\ c_2 \\ c_3 \end{pmatrix} \Delta\mathbf{r}$$

这里

$$\delta\mathbf{r} = \mathbf{r}_2^c(t+\delta t) - \mathbf{r}_2^p(t+\delta t)$$

对于二阶微分方程

$$m\frac{\mathrm{d}^2\mathbf{r}}{\mathrm{d}t^2} = \mathbf{f}(\mathbf{r},t)$$

保留不同阶数的泰勒展开所得到的修正系数如表 3.1 所示。

表 3.1　二阶微分方程保留不同阶数的泰勒展开的修正系数

c_0	c_1	c_2	c_3	c_4	c_5
1/6	5/6	1	1/3		
19/120	3/4	1	1/2	1/12	
3/20	251/360	1	11/18	1/6	1/60

如果二阶微分方程包含速度项，即

$$m\frac{\mathrm{d}^2\mathbf{r}}{\mathrm{d}t^2} = \mathbf{f}(\mathbf{r},\dot{\mathbf{r}},t)$$

那么所得修正系数如表 3.2 所示。

表 3.2　包含速度项的二阶微分方程的泰勒展开的修正系数

c_0	c_1	c_2	c_3	c_4	c_5
1/6	5/6	1	1/3		
19/90	3/4	1	1/2	1/12	
3/16	251/360	1	11/18	1/6	1/60

在实际数值计算中，5 阶 Gear 预测校正算法被普遍使用。

3.3 原子间相互作用势

要进行分子动力学模拟就必须知道原子间的相互作用势。在分子动力学模拟中，我们一般采用经验势来代替原子间的相互作用势，如 Lennard-Jones 势、Morse 势、嵌入原子势（embedded-atom method potential）等。然而，采用经验势必然丢失了局域电子结构之间存在的强相关作用信息，即不能得到原子动力学过程中的电子性质。

选用合适的势函数来描述系统内原子间的相互作用是进行分子动力学模拟的基础。针对不同物质体系，人们发展了一些模型势函数和经验、半经验的势函数。1924 年，John Edward Lennard-Jones 提出了负幂函数形式的 Lennard-Jones（LJ）势函数的解析式。1929 年，Morse 发表了指数式的 Morse 势。20 世纪 80 年代初，Daw 和 Baskes 针对金属材料提出了嵌入原子势方法（EAM）。与此同时，Finnis 和 Sinclair 根据密度函数二次矩理论提出了形式上与 EAM 基本相同的经验 F-S 模型。Lennard-Jones 势、Morse 势和嵌入原子势都是半经验势。势函数一般分为二体势函数和三体以上的多体势函数。

N 个相互作用的粒子系统的能量可以写成单体、二体、三体以及更多体势之和，即

$$U = \sum_i U_1(\mathbf{r}_i) + \sum_{i<j} U_2(\mathbf{r}_i, \mathbf{r}_j) + \sum_{i<j<k} U_3(\mathbf{r}_i, \mathbf{r}_j, \mathbf{r}_k) + \cdots \tag{3.38}$$

式中，$\mathbf{r}_n$（$n=i,j,k,\cdots$）是第 n 个粒子的坐标，U_m（$m=1,2,3,\cdots$）为“m 体”势。

3.3.1 Lennard-Jones 势

早期的分子动力学主要用于模拟惰性气体和液体，发展了一些对势模型。其中应用最为普遍的是 Lennard-Jones 势，其形式如下

$$U(r_{ij}) = 4\varepsilon_{\alpha\beta}\left[\left(\frac{\sigma_{\alpha\beta}}{r_{ij}}\right)^{12} - \left(\frac{\sigma_{\alpha\beta}}{r_{ij}}\right)^{6}\right] \tag{3.39}$$

式中，中括号内的第一项代表短程排斥力，在粒子间距较小的时候起主导作用；第二项代表远程吸引力，在距离较大的时候起主导作用；α 和 β 分别代

表两种粒子；$-\varepsilon$ 为位势的最小值，这个最小值出现在距离 $r=2^{1/6}\sigma$ 处。

在 Lennard-Jones 势作用下，粒子 i 与其他粒子之间的相互作用力在 x 方向的分量为

$$F_{i,x}=48\left(\frac{\varepsilon_{\alpha\beta}}{\sigma_{\alpha\beta}^{2}}\right)\sum_{j\neq i}^{N}(x_i-x_j)\left[\left(\frac{\sigma_{\alpha\beta}}{r_{ij}}\right)^{14}-\frac{1}{2}\left(\frac{\sigma_{\alpha\beta}}{r_{ij}}\right)^{8}\right]$$

在分子动力学中，一般使用约化单位。当选取原子的质量为 1 时，原子的动量和速度以及力和加速度在数值上相等。Lennard-Jones 势常用于描述惰性气体分子或水分子间的相互作用力。

3.3.2 Morse 势

1929 年，Morse 提出用指数形式的势函数来解决双原子分子分解的问题。该势函数形式如下

$$U(r_{ij})=\varepsilon\sum_{i<j}\left[\mathrm{e}^{-2a\left(\frac{r_{ij}}{r_0}-1\right)}-2\mathrm{e}^{a\left(\frac{r_{ij}}{r_0}-1\right)}\right] \tag{3.40}$$

式中，中括号内的第一项为排斥势，第二项为吸引势；r_{ij} 和 r_0 分别是粒子间距离和平衡距离；ε 为势阱深度或相互作用强度；参数 a 控制着粒子间有效作用的距离，a 越小，有效作用距离越大。

3.3.3 嵌入原子势

以上对势模型只考虑了两体相互作用而没有考虑多体相互作用，因此无法用来描述原子间的成键情况，尤其是电荷密度分布呈现非对称的体系。为此，1983 年 Daw 和 Baskes 在电子的密度泛函理论和有效介质理论基础上发展了保证一定精度、用以描述金属体系相互作用的半经验的嵌入原子势。其基本思想是将体系的势能分成两部分：一部分是原子间的相互作用对势，另一部分是原子在电子云背景下的嵌入能。对于嵌入原子势而言，系统的总势能表示为

$$U_{\mathrm{EAM}}=\sum_{i=1}^{N}F_i(\rho_i)+\frac{1}{2}\sum_{i=1}^{N}\sum_{j=1}^{N}\varphi(r_{ij}) \tag{3.41}$$

式中，第二项是对势，与原子间距离相关，系数 1/2 避免了两体相互作用的重复计算。第一项为多体嵌入势，F_i 为原子 i 的嵌入势，即原子 i 嵌入电荷密度为 ρ_i 的位置的嵌入能。这里 ρ_i 为原子 i 处的电荷密度，即周围原子的电荷密度在原子 i 处的线性叠加，可以表示为

$$\rho_i = \sum_{j \neq i} \rho(r_{ij}) \tag{3.42}$$

式中，$\rho(r_{ij})$ 是原子 j 在原子 i 处的电荷密度。$F_i(\rho_i)$ 仅依赖于嵌入原子的种类，因此对于合金或者单质金属可采用相同的形式。

嵌入原子势需要通过拟合金属体系的物理量来得到，例如晶格常数、结合能、空位形成能、堆垛能、弹性常数、相变潜热等，拟合过程比较复杂。后来，研究人员对对势部分采用了不同的形式，如库仑力、Morse 势等。嵌入原子方法在合金、液态金属、缺陷、断裂、相变等诸多领域都取得了非常好的效果，因此成为描述金属体系最普遍的势函数。

3.3.4 Stillinger-Weber 势

1985 年 Stillinger 和 Weber 提出了描述半导体材料中原子间相互作用的多体半经验势，能够很好地描述 Si 晶体的四面体构型。

他们从基本的势能展开式（3.38）出发，假定二体项为

$$U_2(r_{ij}) = \varepsilon f_2\left(\frac{r_{ij}}{\sigma}\right)$$

式中

$$f_2(r) = \begin{cases} A(Br^{-p} - r^{-q})\exp[(r-a)^{-1}], & r < a \\ 0, & r \geqslant a \end{cases}$$

可以看到，f_2 为排斥势与吸引势之和，并且附加了一个指数函数，用来保证在截断距离处的势能光滑截断。

三体项表示为

$$U_3(\mathbf{r}_i, \mathbf{r}_j, \mathbf{r}_k) = \varepsilon f_3\left(\frac{\mathbf{r}_i}{\sigma}, \frac{\mathbf{r}_j}{\sigma}, \frac{\mathbf{r}_k}{\sigma}\right) \tag{3.43}$$

式中，f_3 为三项之和，即

$$f_3(\mathbf{r}_i, \mathbf{r}_j, \mathbf{r}_k) = h(r_{ij}, r_{ik}, \theta_{jik}) + h(r_{ji}, r_{jk}, \theta_{ijk}) + h(r_{ki}, r_{kj}, \theta_{ikj})$$

其中每一项 h 函数分别以三个原子之一为中心，例如 $h(r_{ij}, r_{ik}, \theta_{jik})$ 为

$$h(r_{ij}, r_{ik}, \theta_{jik}) = \lambda \exp[\gamma(r_{ij} - a)^{-1} + \gamma(r_{ik} - a)^{-1}] \times \left(\cos\theta_{jik} + \frac{1}{3}\right)^2$$

这里 θ_{jik} 是 $\mathbf{r}_j$ 和 $\mathbf{r}_k$ 与顶点 i 连线的夹角。原子间相互作用的三体效应就体现在夹角 θ 上。当 $\cos\theta_0 = -\frac{1}{3}$ 时，f_3 取最小值 0，此时中心 Si 原子的四个近邻恰好构成一个正四面体。

如果该势函数中的参量选取 $A = 7.049\,556\,277$，$B = 0.602\,224\,558\,4$，$p =$

4，$q=0$，$a=1.80$，$\lambda=21.0$ 以及 $\gamma=1.20$，就可以得到 Si 的金刚石结构。如果取 $\sigma=0.20951\text{nm}$ 和 $\varepsilon=50\text{kcal/mol}$，就可以得到晶体 Si 在 0K 下的晶格常数和结合能（具体内容见参考文献［10］）。

3.4　分子动力学模拟中的条件设置

3.4.1　原胞与边界条件

分子动力学模拟方法通常用于研究宏观系统在给定条件下的性质，但实际上不可能对一个近乎无穷大的系统进行计算模拟。就目前的计算能力而言，分子动力学方法能模拟的体系所具有的原子数目非常有限，超级计算集群也就达到约 10^9 个原子。因此，分子动力学模拟需要引入一个体积元，通常称为原胞，该原胞具有在给定条件下的宏观系统的性质，比如密度。为了模拟方便，通常取一个立方体作为分子动力学模拟的原胞。但是这样引进的立方体原胞将产生 6 个表面。如果采用这样的原胞进行分子动力学模拟，那么模拟中与表面碰撞的粒子将被反射回原胞内部。如果原胞内的粒子数目很少，而处在原胞边缘的粒子较多，那么其受力状态与内部粒子大为不同。因此，原胞表面的存在将对系统的各种性质产生很大影响。为了解决以上问题，分子动力学方法需要对模拟的原胞设置适当的边界条件。根据所研究的问题，大致可分成如下四种边界条件。

1. 自由表面边界

这种边界条件通常用于模拟大型自由分子、团簇等，因为这样的系统本身就具有表面，并且表面的存在对系统的性质起着重要作用。

2. 固定边界

在所有要计算到的粒子晶胞之外，还要包上几层结构相同、位置不变的粒子，包层的厚度必须大于粒子间相互作用的力程范围。包层部分代表了与运动粒子起作用的宏观晶体的那一部分。

3. 柔性边界

这种边界比固定边界更接近实际。它允许边界上的粒子有微小的移动，以反映内层粒子的作用力施加于它们时的情况。

4. 周期性边界

在模拟较大的系统时，为了消除表面效应或边界效应，通常引入周期性边界条件，即令原胞在三个方向周期性地重复出现，如图 3.1 所示。这样可以消除引入原胞后的表面效应，构造出一个准无穷大的体积来更精确地代表宏观系统，从而将有限的原胞模拟扩展到真实系统的模拟。

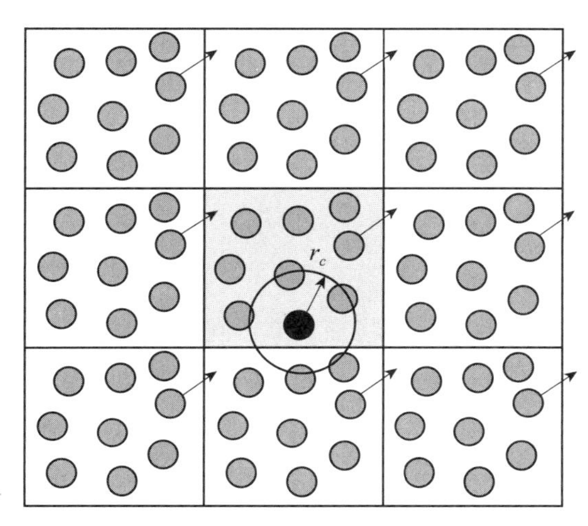

图 3.1　二维的周期性边界条件示意图

说明：图中阴影区为基本原胞，其周围的 8 个原胞代表基本原胞在平面上的周期性重复。图中所示 r_c 为位势截断半径（见 3.4.2 节）。

周期性边界条件的数学表示形式为

$$A(\vec{x}) = A(\vec{x} + \vec{n}L) \tag{3.44}$$

式中，A 为任意可观测量，L 为原胞的尺度，$\vec{n}=(n_1, n_2, n_3)$（n_1，n_2，n_3 为任意整数）。周期性边界条件就是命令基本原胞完全等同地重复无穷多次。

实际模拟过程中通过以下操作来实现周期性边界条件，即当一个粒子穿过基本原胞的某一个表面时，就让该粒子也以相同的速度穿过与该表面相对的表面，重新进入该原胞内，如图 3.1 所示。

3.4.2　截断距离

分子动力学模拟中，求和运算需要遍及所有相邻粒子，并且需要反复不断地进行，计算量非常大。如果按照常规的求和运算，那么分子动力学模拟中可能绝大多数时间都是用来寻找相邻粒子、计算位势及作用在粒子上的力，极大地消耗了计算资源。考虑到两个粒子之间的距离超过一定范围后，相互作用就可以忽略不计，因此求和不需要遍历所有相邻粒子，而只需要考虑有

效的力场范围。通常选取一个适当的截断距离将位势截断，即

$$U^{S}(r_{ij})=\begin{cases}U(r_{ij})-U_c, & r_{ij}\leqslant r_c\\0, & r_{ij}>r_c\end{cases} \tag{3.45}$$

式中，$U(r_{ij})$ 为体系的势能，U_c 为截断势能，r_c 为截断半径，如图 3.1 所示。这样就极大地减少了许多不必要的计算，节省了计算资源，提高了计算效率。

为了保证位势截断不影响模拟结果，U_c 必须足够小。此外，原胞尺度 L 应远远大于 r_c。一般情况下，原胞尺度与截断半径之间须满足不等式

$$r_c<\frac{L}{2}$$

以避免有限尺寸效应。

此外，势函数的截断将导致原子间作用力在 r_c 处不连续，从而导致数值计算的不稳定。为了解决这一问题，势函数采用如下形式：

$$U^{S}(r_{ij})=\begin{cases}U(r_{ij})-U_c-\left(\dfrac{\mathrm{d}U(r_{ij})}{\mathrm{d}r_{ij}}\right)_{r_{ij}=r_c}(r_{ij}-r_c), & r_{ij}\leqslant r_c\\0, & r_{ij}>r_c\end{cases} \tag{3.46}$$

这样可以保证原子间作用力的连续性。

3.4.3 最小像力约定

由于采用了周期性边界条件，在计算某个粒子的受力时，处在位势截断半径范围内的粒子可能都在中心原胞内，也有可能部分粒子位于近邻原胞内。因此，在分子动力学模拟中，每个粒子只与最近邻粒子或者最近邻像粒子发生相互作用，这就是所谓的最小像力约定（minimum image convention）。如图 3.2 所示，黑色粒子与其他粒子之间的距离需要考察黑色方框中的原子，其中既包含基本原胞内的粒子，也包含镜像原胞中的粒子。假设粒子 i 和 j 的位置分别为 $\vec{r}_i$ 和 $\vec{r}_j$，根据最小像力约定，两个粒子间的距离应该满足

$$r_{ij}=\min(|\vec{r}_i-\vec{r}_j+\vec{n}L|) \tag{3.47}$$

式中，L 为原胞的尺度，$\vec{n}=(n_1, n_2, n_3)$（n_1，n_2，n_3为任意整数）。实际上就是需要满足不等式条件$\frac{L}{2}>r_c$。

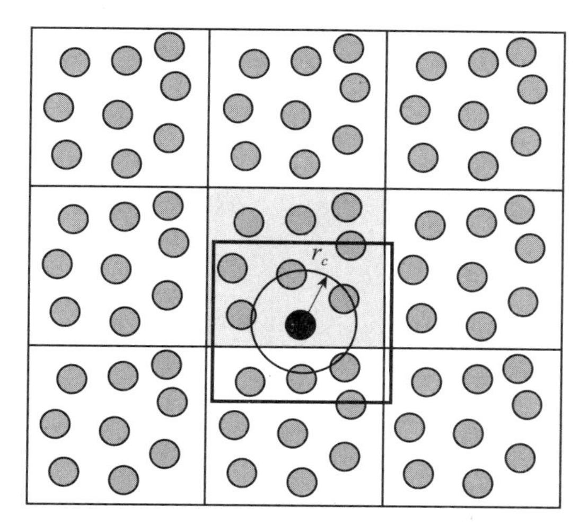

图 3.2　最小像力约定示意图

说明：图中所示的黑色粒子与其他粒子的距离需要考察黑色方框中的原子，其中既包含基本原胞内的粒子，也包含镜像原胞中的粒子。r_c 为位势截断半径。

3.4.4　Verlet 近邻表

引入位势截断后，极大地简化了求和运算，但是在模拟过程中，仍需要对每对原子间的距离进行计算和判断，所需的计算时间与N^2 成正比，仍然非常耗时。事实上，在一个模拟步长内，粒子的位置变化非常小，因此在一定时间内，每个粒子的近邻粒子基本保持不变。基于此，Verlet 引入近邻列表，即在模拟初始，把以每个粒子为中心、半径为 r_v（$r_v>r_c$）的球所包含的粒子作为中心粒子的近邻，构造一个近邻列表，即 Verlet 近邻列表，如图 3.3 所示。这样，在一定时间范围内，每次只需要计算列表内的粒子间距离，而势能和作用力的计算则只需考虑距离小于位势截断距离 r_c 的粒子，这样就大大提高了计算效率，节省了计算资源。但是超过一定时间之后，中心粒子的近邻可能发生变化，因为近邻球外的粒子可能进入球内，此时就需要对近邻列表进行更新，如图 3.3 中的空心圆所示。通常情况下，每隔 10～20 步更新一次近邻列表。

在近邻列表的构建中，r_v 的选取很关键，要保证在相隔两次列表更新中，近邻球外的粒子即使进入近邻球内，也不会穿过截断球面，从而影响中心粒子的相互作用，如图 3.3 中的空心圆所示。如果选取较大的 r_v，虽然可以降低近邻列表更新的频率，但是列表内包含更多粒子，需要耗费更多时间进行原子间距离的计算和判断，降低了计算效率。如果选取较小的 r_v，虽然列表内的粒子减少了，但需要在更短的时间内更新近邻列表。因此，需要选取合适的 r_v，平

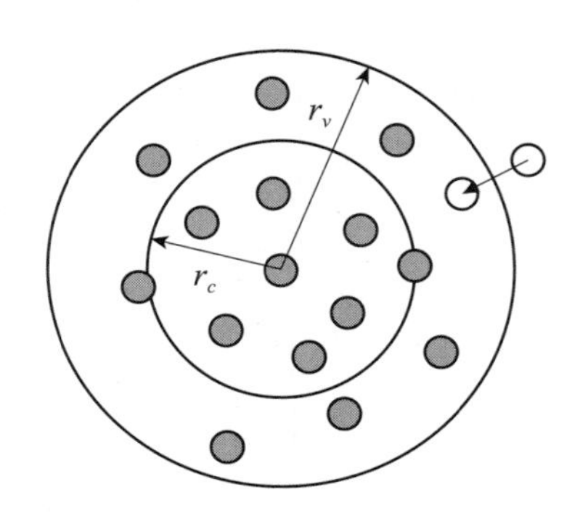

图 3.3 Verlet 近邻列表示意图

说明：r_v 和 r_c 分别为 Verlet 近邻列表半径和位势截断半径，所对应的球分别为近邻球和截断球。空心圆代表近邻球外的粒子在某一时刻进入近邻球内，但没有穿过截断球面。

衡近邻列表的更新频率和粒子间距离的计算所需要的时间，从而获得最佳的计算效率。

3.4.5 分子动力学模拟的基本步骤

分子动力学模拟的实际步骤可以划分为以下几个。

1. 设定模拟所采用的模型

分子动力学模拟首先需要设定所要模拟体系的模型。模型的设定也就是势函数的选取。势函数直接关系到所模拟体系的物理性质。此外，为了计算方便，通常取立方体为分子动力学模拟的原胞。根据所模拟系统的密度和粒子数，确定原胞的尺寸。一般采用周期性边界条件和最小像力约定。

2. 给定初始条件

求解牛顿运动方程需要给定初始条件，也就是所模拟体系中每个粒子的初始位置和速度。根据数值算法的不同，给出相应的初始条件。通常系统从初始条件开始演化，最终将达到平衡，因此不需要精确选择所模拟系统的初始条件，但是合理的初始条件可以使得系统更快地达到平衡。

在进行分子动力学模拟之前，还需要选择合适的时间步长，也就是数值求解牛顿方程的时间间隔。如果时间步长太长，就会造成粒子间距过小，导致粒子间激烈碰撞，可能会出现数值计算错误。如果时间步长过短，就会加大计算量。一般来说，步长的时间尺度选为飞秒（10^{-15} s）量级。

3. 构型的收集及物理量的计算

当系统在给定的宏观条件下达到平衡时，就可以在后续的分子动力学模拟中存储足够的构型，从而利用统计物理方法计算系统的宏观物理性质。它可通过沿着相空间轨迹求平均计算得到。

3.5 分子动力学模拟中的系综

3.5.1 系综

在经典分子动力学模拟中，需要根据所研究的问题选择合适的系综。在一定的宏观条件下，将所研究系统的各种微观状态假想成一个大量系统的集合，这些系统与所研究系统的性质完全相同，且相互独立，各自处于该真实系统的某一微观运动状态，这种假想的系统集合称为系综。系综是统计物理理论的一种表达方式，系综理论已经成为统计物理的微观统计理论。根据宏观约束条件，系综可分为以下几种：

(1) 微正则系综。系统具有确定的粒子数（N）、体积（V）和总能量（E），简写为 NVE。系统与外界既无能量交换，也无粒子交换，即为孤立系统。微正则系综在分子动力学模拟中广泛应用。

(2) 正则系综。系统具有确定的粒子数（N）、体积（V）和温度（T），简写为 NVT。系统为闭合系统，与大热源接触，从而维持恒温状态。正则系综是分子动力学和蒙特卡罗模拟研究的典型代表。

(3) 等温等压系综。系统具有确定的粒子数（N）、压强（P）和温度（T），简写为 NPT。系统为闭合系统，与大热源接触从而维持恒温，并且系统壁可移动以维持恒压状态。

(4) 巨正则系综。系统具有确定的体积（V）、温度（T）和化学势（μ），简写为 $\mathrm{VT}\mu$。系统与外界不仅交换能量，还交换粒子，因此与大热源和大粒子源接触，维持恒温和化学势。

分子动力学方法比较容易实现对微正则系综的模拟。由于只需要保持总能量、粒子数和体积在演化过程中不变，因此可以直接利用 3.2 节给出的数值求解牛顿方程的算法。而对于正则系综、等温等压系综以及巨正则系综而言，分子动力学模拟中需要调节系统的温度或压强等参量，从而使得温度或者压强等保持不变。因此，研究人员发展了不同的算法来对这些参量进行调节，从而实现正则系综或者等温等压系综等的分子动力学模拟。

3.5.2 系综调节

系综调节主要是指在分子动力学模拟中，对温度和压强等参量进行调节，从而实现正则系综、巨正则系综等的模拟。

1. 温度调节

目前主要有以下几种算法来对温度进行调节，包括速度标度法、Andersen 热浴法、Langevin 热浴法、Nosé-Hoover 控温法等。

（1）速度标度法。

调节系统温度最简单的方法是速度标度法。当体系的温度也就是动能偏离设定值时，将体系中所有粒子的速度乘以一个标度因子，使温度或者动能回归设定值。根据能量均分定理，系统的温度可以由总动能获得，即

$$\frac{3}{2}(N-N_c)kT=\sum_{i=1}^{N}\frac{m_i}{2}v_i^2$$

式中，N 为粒子数，N_c 为受到的约束。因此，可以对粒子的速度直接进行标度来调节温度，也就是将速度乘以一个标度因子 β，即

$$\beta=\left[\frac{3(N-N_c)kT^*}{\sum_{i=1}^{N}mv_i^2}\right]^{1/2}$$

这里 T^* 是需要调整的目标温度。该控温方法简单直接，但是可能导致所模拟的系统并不符合等温系综。

（2）Andersen 热浴法。

Andersen 于 1980 年提出了热浴法。在该方法中，随机选取一个或者多个粒子，重置所选取粒子的速度，使其满足目标温度下的麦克斯韦-玻尔兹曼速度分布。该方法相当于将系统与一个具有目标温度的热池接触，系统中的粒子与热池之间随机碰撞，通过调整碰撞频率（即速度）重置频率，达到有效控制系统温度的目的。通常相邻两次随机碰撞的时间间隔应满足泊松分布，即

$$P(\nu,t)=\nu e^{-\nu t}$$

式中，ν 为随机碰撞频率。$P(\nu,t)\mathrm{d}t$ 为时间间隔 $[t,\ t+\mathrm{d}t]$ 内发生碰撞的概率。如果分子动力学模拟的时间步长为 δt，那么在时间步长内，粒子被选择并重置速度的概率为 $\nu\delta t$。

尽管该方法能够生成正则分布，但是随机碰撞会导致粒子轨迹不连续，丢失与时间相关的信息，因此不存在时间反演性。

（3）Langevin 热浴法。

该方法也是引入热池，但其是通过虚构的热池粒子引入阻尼和碰撞，使得模拟系统内的粒子保持平均动能，从而达到调节温度的目的。具体来说，粒子的运动方程为

$$\dot{\mathbf{r}}_i = \frac{\mathbf{p}_i}{m_i} \tag{3.48}$$

$$\dot{\mathbf{p}}_i = \mathbf{F}_i - \gamma \mathbf{p}_i + \sigma \zeta_i \tag{3.49}$$

式（3.49）右边第二项为阻尼项，γ 为阻尼系数；第三项为碰撞产生的随机力，随机力须与动量 $\mathbf{p}_i$ 和位置 $\mathbf{r}_i$ 无关联。ζ_i 满足正态分布，且均值为 0，其标准差 σ 满足

$$\sigma^2 = 2k_B T \gamma m_i$$

在模拟过程中，对每个原子生成一个符合正态分布的随机数 ζ，该正态分布的均值为 0，标准差为 $\sigma^2 = 2k_B T \gamma m_i$，并根据式（3.49）更新速度。

以上温度调节算法比较粗糙，没有严格的理论基础。之后，研究人员在系统的广义坐标和广义动量之外，引入了一个额外的自由度，与热浴耦合来实现对温度的调节。该方法也称为恒温扩展法，其本质是通过改变或扩展模拟系统的哈密顿函数或拉格朗日函数来实现对正则系综的分子动力学模拟，例如 Nosé-Hoover 控温法。

（4）Nosé-Hoover 控温法。

Nosé-Hoover 方法引入了一个额外的自由度 s，新自由度的引入相当于引入了一个恒温热库，系统与之接触，允许热流在系统和热池之间交换，使系统趋于和热库热平衡。系统的温度与恒温热库相同且保持恒温。引入自由度 s 后，N 粒子系统的拉格朗日量可以表示为

$$\mathcal{L}_{\text{Nosé}} = \sum_{i=1}^{N} \frac{m_i}{2} s^2 \dot{\mathbf{r}}_i^2 + \frac{Q}{2} \dot{s}^2 - U(\mathbf{r}_i, \cdots, \mathbf{r}_N) - G k_B T \ln s \tag{3.50}$$

式中，G 为参量，与体系自由度相关，$k_B T \ln s$ 相当于作用在该额外自由度的外势。Q 为 Nosé 质量。根据上式，r_i 与 s 的共轭动量可以分别表示为

$$\mathbf{p}_i = m_i s^2 \dot{\mathbf{r}}_i \tag{3.51}$$

$$p_s = Q \dot{s} \tag{3.52}$$

这样，扩展系统的哈密顿量可以表示为

$$\mathcal{H}_{\text{Nosé}} = \sum_{i=1}^{N} \frac{1}{2 m_i s^2} \mathbf{p}_i^2 + \frac{1}{2Q} p_s^2 + U(\mathbf{r}_i, \cdots, \mathbf{r}_N) + G k_B T \ln s \tag{3.53}$$

由此，可以推导出系统的运动方程

$$\frac{\mathrm{d}\mathbf{r}_i}{\mathrm{d}t}=\frac{\partial \mathcal{H}_{\text{Nosé}}}{\partial \mathbf{p}_i}=\frac{\mathbf{p}_i}{m_i s^2} \tag{3.54}$$

$$\frac{\mathrm{d}\mathbf{p}_i}{\mathrm{d}t}=-\frac{\partial \mathcal{H}_{\text{Nosé}}}{\partial \mathbf{r}_i}=-\frac{\partial U(\mathbf{r}_i,\cdots,\mathbf{r}_N)}{\partial \mathbf{r}_i} \tag{3.55}$$

$$\frac{\mathrm{d}s}{\mathrm{d}t}=\frac{\partial \mathcal{H}_{\text{Nosé}}}{\partial p_s}=\frac{p_s}{Q} \tag{3.56}$$

$$\frac{\mathrm{d}p_s}{\mathrm{d}t}=-\frac{\partial \mathcal{H}_{\text{Nosé}}}{\partial s}=\frac{\sum_{i=1}^{N}\frac{\mathbf{p}_i^2}{m_i s^2}-Gk_BT}{s} \tag{3.57}$$

如果取 $G=3N+1$，并用 s 对动量进行标度，也就是 $\mathbf{p}'_i=\mathbf{p}_i/s$，那么该扩展系统的微正则分布等价于坐标和动量分别为 $\mathbf{r}_i$ 和 $\mathbf{p}'_i$ 的系统的正则分布。因此，$\mathbf{p}'_i$ 是该正则系统的真实动量，而 $\mathbf{p}_i$ 则是该扩展系统的动量，可以看作虚动量。此时，时间步长也做相应的标度为 $\mathrm{d}t'=\mathrm{d}t/s$。对于真实变量，运动方程可以表示为

$$\frac{\mathrm{d}\mathbf{r}'_i}{\mathrm{d}t'}=s\frac{\mathrm{d}\mathbf{r}_i}{\mathrm{d}t}=s\frac{\mathbf{p}_i}{m_i s^2}=\frac{\mathbf{p}_i}{m_i s}=\frac{\mathbf{p}'_i}{m_i} \tag{3.58}$$

$$\begin{aligned}\frac{\mathrm{d}\mathbf{p}'_i}{\mathrm{d}t'}&=s\frac{\mathrm{d}(\mathbf{p}_i/s)}{\mathrm{d}t}=\frac{\mathrm{d}\mathbf{p}_i}{\mathrm{d}t}-\frac{1}{s}\mathbf{p}_i\frac{\mathrm{d}s}{\mathrm{d}t}=-\frac{\partial U(\mathbf{r}_i,\cdots,\mathbf{r}_N)}{\partial \mathbf{r}_i}-\mathbf{p}'_i\frac{\mathrm{d}s}{\mathrm{d}t}\\&=-\frac{\partial U(\mathbf{r}'_1,\cdots,\mathbf{r}'_N)}{\partial r'_i}-\frac{s'p'_s}{Q}\mathbf{p}'_i\end{aligned} \tag{3.59}$$

$$\frac{\mathrm{d}s'}{\mathrm{d}t'}=s\frac{\mathrm{d}s}{\mathrm{d}t}=\frac{sp_s}{Q}=\frac{s'^2p'_s}{Q} \tag{3.60}$$

$$\frac{\mathrm{d}p'_s}{\mathrm{d}t'}=s\frac{\mathrm{d}(p_s/s)}{\mathrm{d}t}=\frac{\mathrm{d}p_s}{\mathrm{d}t}-\frac{1}{s}p_s\frac{\mathrm{d}s}{\mathrm{d}t}=\frac{1}{s'}\left[\sum_{i=1}^{N}\frac{\mathbf{p}'^2_i}{m_i}-Gk_BT\right]-\frac{s'p'^2_s}{Q} \tag{3.61}$$

通过求解上面的运动方程，可以得到体系确定的运动轨迹信息，包括 $\mathbf{r}'_i=\mathbf{r}_i$，$\mathbf{p}'_i=\mathbf{p}_i/s$，$s'=s$，$p'_s=p_s/s$，$\mathrm{d}t'=\mathrm{d}t/s$。对于上面的运动方程，下面的量是守恒的

$$\mathcal{H}'_{\text{Nosé}}=\sum_{i=1}^{N}\frac{1}{2m_i}\mathbf{p}'^2_i+\frac{s'^2p'^2_s}{2Q}+U(\mathbf{r}'_1,\cdots,\mathbf{r}'_N)+Gk_BT\ln s' \tag{3.62}$$

但 $\mathcal{H}'_{\text{Nosé}}$ 并不是系统的哈密顿量，因为从 $\mathcal{H}'_{\text{Nosé}}$ 出发，并不能推出运动方程。

Hoover 通过引入摩擦系数 ξ 进一步简化了上述运动方程，即

$$\xi=\frac{s'p'_s}{Q}=\frac{1}{s'}\frac{\mathrm{d}s'}{\mathrm{d}t'}=\frac{\mathrm{d}\ln s'}{\mathrm{d}t'} \tag{3.63}$$

这样运动方程可以表示为

$$\frac{\mathrm{d}\mathbf{r}'_i}{\mathrm{d}t'}=\frac{\mathbf{p}'_i}{m_i} \tag{3.64}$$

$$\frac{\mathrm{d}\mathbf{p}_i'}{\mathrm{d}t'}=-\frac{\partial U(\mathbf{r}_1',\cdots,\mathbf{r}_N')}{\partial \mathbf{r}_i'}-\xi\mathbf{p}_i' \tag{3.65}$$

$$\frac{1}{2}Q\frac{\mathrm{d}\xi}{\mathrm{d}t'}=\sum_{i=1}^{N}\frac{\mathbf{p}_i'^2}{2m_i}-\frac{1}{2}Gk_BT \tag{3.66}$$

由于 $\mathbf{r}_i'$、$\mathbf{p}_i'$、$\mathrm{d}t'$都是真实变量，因此 $G=3N$。

2. 压强调节

对于压强的调节，最直接的方法是通过调整模拟系统的原胞三个方向或一个方向的尺寸来改变系统的体积，从而实现对压强的调控。但是该方法存在一个严重的问题，如果直接将每个粒子的位置坐标乘以标度因子，将改变粒子的相对间距，可能造成错误的结构信息。因此，压强调节的算法需要对粒子坐标进行复杂的变换，确保在不改变粒子相对距离的前提下改变其相对位置，实现对模拟系统的压强调节，如 Berendsen 方法。同样，压强的调节也可通过引入新的自由度，采用扩展系统法实现，如 Andersen 扩展系统法、Parrinello-Rahman 方法等。下面简要介绍 Andersen 扩展系统法。

为了能够模拟常压环境下的系统，1980 年 Andersen 引入了一个“活塞”，也就是把瞬时体积作为环境变量。该“活塞”并不是通常意义下的活塞，而是能够使系统发生各向同性的膨胀或压缩。增加的“活塞”具有有效质量 M，体积为 Ω。这样，有效拉格朗日函数为

$$\mathcal{L}_{\text{Andersen}}=\sum_{i=1}^{N}\frac{m_i}{2}\Omega^{2/3}\dot{\mathbf{x}}_i^2-\sum_{i>j}U(\Omega^{\frac{1}{3}}x_{ij})+\frac{M}{2}\dot{\Omega}^2-P_0\Omega \tag{3.67}$$

式中，P_0 为外部压强，$\mathbf{x}_i$ 为约化坐标，$\mathbf{x}_i=\mathbf{r}_i/\Omega^{1/3}$；$\mathbf{r}_i$ 为系统粒子坐标；x_{ij} 为粒子 i 和 j 之间的约化距离。$P_0\Omega$ 相当于加在“活塞”上的势能，从而能够使系统处在常压环境下。由 $\mathbf{x}_i=\mathbf{r}_i/\Omega^{1/3}$，可得

$$\dot{\mathbf{r}}_i=\Omega^{1/3}\dot{\mathbf{x}}_i+\frac{1}{3}\Omega^{-2/3}\dot{\Omega}\mathbf{x}_i \tag{3.68}$$

上式表明，粒子的动能也来自“活塞”体积的贡献。

根据拉格朗日函数，$\mathbf{x}_i$ 的共轭动量可以表示为

$$\pi_i=\frac{\partial\mathcal{L}_{\text{Andersen}}}{\partial\dot{\mathbf{x}}_i}=m_i\Omega^{2/3}\dot{\mathbf{x}}_i \tag{3.69}$$

而 Ω 的共轭动量为

$$\Pi=\frac{\partial\mathcal{L}_{\text{Andersen}}}{\partial\dot{\Omega}}=M\dot{\Omega} \tag{3.70}$$

因此，拉格朗日函数所对应的哈密顿量为

$$\begin{aligned}\mathcal{H}_{\text{Andersen}} &= \sum_{i=1}^{N} \dot{\mathbf{x}}_i \cdot \pi_i + \dot{\Omega}\Pi - L_{\text{Andersen}} \\ &= \frac{1}{2\Omega^{2/3}} \sum_{i=1}^{N} \frac{1}{m_i}\pi_i \cdot \pi_i + \sum_{i>j} U(\Omega^{1/3} x_{ij}) + \frac{1}{2M}\Pi^2 \\ &\quad + P_0\Omega \end{aligned} \tag{3.71}$$

运动方程为

$$\frac{\mathrm{d}\mathbf{x}_i}{\mathrm{d}t} = \frac{\partial \mathcal{H}_{\text{Andersen}}}{\partial \pi_i} = \frac{\pi_i}{m_i \Omega^{2/3}} \tag{3.72}$$

$$\frac{\mathrm{d}\pi_i}{\mathrm{d}t} = -\frac{\partial \mathcal{H}_{\text{Andersen}}}{\partial \mathbf{x}_i} = -\Omega^{\frac{1}{3}} \sum_{i>j} \frac{x_{ij}}{|x_{ij}|} \frac{\partial U(\Omega^{\frac{1}{3}} x_{ij})}{\partial \mathbf{x}_i} \tag{3.73}$$

$$\frac{\mathrm{d}\Omega}{\mathrm{d}t} = \frac{\partial \mathcal{H}_{\text{Andersen}}}{\partial \Pi} = \frac{\Pi}{M} \tag{3.74}$$

$$\begin{aligned}\frac{\mathrm{d}\Pi}{\mathrm{d}t} &= -\frac{\partial \mathcal{H}_{\text{Andersen}}}{\partial \Omega} \\ &= -\frac{1}{3\Omega}\left(-\Omega^{-\frac{2}{3}} \sum_{i=1}^{N} \frac{1}{m_i}\pi_i \cdot \pi_i + \Omega^{\frac{1}{3}} \sum_{i>j} x_{ij} \frac{\partial U(\Omega^{\frac{1}{3}} x_{ij})}{\partial \mathbf{x}_i} + 3P_0\Omega\right)\end{aligned} \tag{3.75}$$

根据以上运动方程，分子动力学模拟可以给出该扩展系统在微正则系综下的运动轨迹，而真实系统在等压下的系综平均也可以由这些运动轨迹得到。

3.6 宏观物理量的计算

3.6.1 基本物理量的计算

1. 动能

在模拟过程中，系统在某个时刻的动能为所有粒子的动能之和，即

$$E_k = \frac{1}{2} \sum_{i=1}^{N} m_i v_i^2 \tag{3.76}$$

根据能量均分定理，温度可以通过动能获得，即

$$T = \frac{E_k}{\frac{d}{2} N k_B} \tag{3.77}$$

其中 d 为每个粒子的自由度。

2. 势能

系统内部的平均势能可以表示为

$$U=\frac{1}{N}\sum_{i=1}^{N}\sum_{j\neq i}^{N}U(r_{ij}) \tag{3.78}$$

如果位势在 r_c 处被截断，那么由上式得到的平均势能需要进行修正。

3. 压强

分子动力学方法中压强的定义为

$$P=\frac{Nk_BT}{V}+\frac{\sum_{i=1}^{N}r_if_i}{V} \tag{3.79}$$

式中，V 是系统的体积。右边的第一项是热运动的贡献；第二项来自原子间的相互作用，称为维里项。

3.6.2　关联函数

很多我们所关心的系统的物理性质都可以通过计算相关物理量的关联函数（correlation function）得到。假设一变量 $A(t)$ 随时间的演化是随机的。对比该变量在两个时刻的值 $A(t_1)$ 和 $A(t_2)$，如果 t_1 和 t_2 很接近，则这两个时刻的变量值可能也很接近，可以称该变量在这两个时刻是有关联的；如果 t_1 和 t_2 相差很大，则该变量在这两个时刻可能已经没有关系，称该变量在这两个时刻没有关联。这两个时刻之差称为关联时间尺度，通常用τ_{corr}或 τ 来表示。通过改变 τ，可以计算变量在不同时间尺度的关联度，即关联函数，可以表示为

$$G(\tau)=\langle A(t_0)A(t_0+\tau)\rangle \tag{3.80}$$

式中，$\langle\rangle$ 表示系综平均。

类似地，也可以得到变量 $A(\mathbf{r})$ 在空间上的关联函数，即

$$G(\mathbf{r})=\langle A(\mathbf{r}_0)A(\mathbf{r}_0+\mathbf{r})\rangle \tag{3.81}$$

式中，$\mathbf{r}_0$ 表示变量 A 的空间坐标，$\mathbf{r}$ 表示距离 $A(\mathbf{r}_0)$ 的空间距离。

通过计算物理量在空间或时间尺度上的关联函数，可以得到所模拟的物理系统的结构特征、动力学性质等。

1. 密度-密度关联函数

在原子尺度上，包含 N 个粒子的系统的粒子密度可以表示为

$$\rho(\mathbf{r}) = \sum_{i=1}^{N} \delta(\mathbf{r} - \mathbf{r}_i) \tag{3.82}$$

对处于热平衡的系统，粒子密度的系综平均应与该系统的平均密度 ρ 相等，即

$$\langle \rho(\mathbf{r}) \rangle = \rho = N/V$$

式中，〈〉代表系综平均，V 是系统的体积。

根据关联函数的定义，系统中距离为 r 的两个粒子的密度-密度关联函数可以表示为

$$C(\mathbf{r}) = \langle \rho(\mathbf{r}_i)\rho(\mathbf{r}_i + \mathbf{r}) \rangle \tag{3.83}$$

式中

$$\rho(\mathbf{r}_i) = \sum_{j=1}^{N} \delta(\mathbf{r}_i - \mathbf{r}_j) = 1$$

$$\rho(\mathbf{r}_i + \mathbf{r}) = \sum_{j=1}^{N} \delta(\mathbf{r}_i + \mathbf{r} - \mathbf{r}_j) = \sum_{j=1}^{N} \delta(\mathbf{r} - \mathbf{r}_{ij})$$

因此，式（3.83）可表示为

$$C(\mathbf{r}) = \langle \rho(\mathbf{r}_i)\rho(\mathbf{r}_i + \mathbf{r}) \rangle = \left\langle \sum_{j=1}^{N} \delta(\mathbf{r} - \mathbf{r}_{ij}) \right\rangle = \frac{1}{N} \sum_{i=1}^{N} \sum_{j \neq i}^{N} \delta(\mathbf{r} - \mathbf{r}_{ij}) \tag{3.84}$$

如果用系统平均密度对关联函数 $C(\mathbf{r})$ 归一，就可以得到在 $\mathbf{r}$ 处找到粒子的概率，即对关联函数 $g(\mathbf{r})$

$$g(\mathbf{r}) = \frac{C(\mathbf{r})}{\rho} = \frac{V}{N^2} \sum_{i=1}^{N} \sum_{j=1}^{N} \delta(\mathbf{r} - \mathbf{r}_{ij}) \tag{3.85}$$

对于各项同性的系统，$g(\mathbf{r})$ 只与粒子间距离 $\mathbf{r}$ 的绝对值相关，而与方向无关。因此，从一个粒子出发，在距离 r 处找到粒子的概率为

$$g(r) = \frac{\langle C(\mathbf{r}) \rangle_{\text{angle}}}{4\pi r^2 \Delta r \rho}$$

式中，$4\pi r^2 \Delta r$ 是球壳在 $[r, r+\Delta r]$ 内的体积。这样，对关联函数可以表示为

$$g(r) = \frac{1}{4\pi N r^2 \rho} \sum_{j=1}^{N} \sum_{i=1, i \neq j}^{N} \delta(r - r_{ij}) = \frac{1}{2\pi N r^2 \rho} \sum_{j=1}^{N} \sum_{i > j}^{N} \delta(r - r_{ij}) \tag{3.86}$$

对于晶体而言，由于其结构是有序的，因此对关联函数呈现出长程的分立的峰，而对于无序体系而言，对关联函数一般只有短程的峰。当 r 比较小时，对关联函数主要表征的是原子的堆积情况及各个键之间的距离。当距离比较大时，对于给定的距离找到原子的概率基本上相同，因此 $g(r)$ 随着距

离的增大而变得平缓，最后趋于恒值。图 3.4 对比了单质 Cu 的高温熔体以及冷却结晶后在 300K 下的对关联函数。结晶后，对关联函数展示出更陡的峰，表明在冷却过程中，高温熔体的无序结构发生相变，转变为有序的晶体结构。

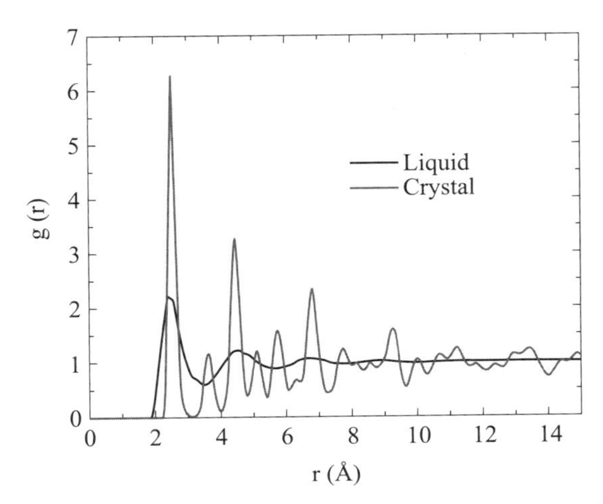

图 3.4 单质 Cu 的高温熔体及其冷却结晶后在 300K 下的对关联函数

对关联函数通常也采用另一种形式，即

$$G(\mathbf{r}) = 4\pi r\rho(g(\mathbf{r}) - 1)$$

2. 静态结构因子

如果对 $g(\mathbf{r})$ 做傅里叶变换，就可以得到静态结构因子，即

$$S(\mathbf{k}) = 1 + \rho\int g(\mathbf{r})\mathrm{e}^{-\mathrm{i}\mathbf{k}\cdot\mathbf{r}}\mathrm{d}\mathbf{r} \tag{3.87}$$

式中，$\mathbf{k}$ 为倒空间的波矢。对于各向同性的系统，静态结构因子可以表示为

$$S(k) = 1 + \frac{4\pi\rho}{q}\int_0^{+\infty} g(r)r\mathrm{e}^{-ikr}\,\mathrm{d}r \tag{3.88}$$

反过来，对关联函数也可以通过静态结构因子的傅里叶变换获得

$$\rho g(\mathbf{r}) = 1 + \frac{1}{(2\pi)^3}\int [S(\mathbf{k}) - 1]\mathrm{e}^{\mathrm{i}\mathbf{k}\cdot\mathbf{r}}\mathrm{d}\mathbf{k}$$

以及

$$g(r) = 1 + \frac{1}{2\pi^2\rho}\int_0^{+\infty} [S(k) - 1]\frac{\sin kr}{kr}k^2\,\mathrm{d}k \tag{3.89}$$

3. 由对关联函数得到的其他物理量

根据对关联函数可以计算球壳在 $[r, r+\Delta r]$ 内的平均粒子数，即

$$n = \frac{N}{V}\int_r^{r+\Delta r} g(r)4\pi r^2\,\mathrm{d}r \tag{3.90}$$

如果取 $r=0$、Δr 为对关联函数第一谷的距离，如图 3.4 所示的浅灰色曲线的第一谷，即可得到体系的最近邻平均配位数。

由对关联函数 $g(r)$ 还可以计算体系的势能，即

$$\bar{U}=\frac{1}{N}\sum_{i=1}^{N}\sum_{j>i}^{N}U(r_{ij})=2\pi\frac{N}{V}\int_{0}^{+\infty}r^{2}U(r)g(r)\mathrm{d}r \tag{3.91}$$

此外，由对关联函数还可以得到系统的压强，也就是利用含对关联函数的维里状态方程计算。该维里状态方程可以写为

$$P=\rho k_{B}T-\frac{\rho^{2}}{6}\int_{0}^{+\infty}g(r)\frac{\partial U}{\partial r}4\pi r^{3}\mathrm{d}r \tag{3.92}$$

上式中的积分可分为两项，一项是相互作用力的力程之内的贡献，另一项是对相互作用势截断的修正项，即

$$P=\rho k_{B}T-\frac{\rho^{2}}{6N}\sum_{i<j}r_{ij}\frac{\partial U}{\partial r_{ij}}-P_{c} \tag{3.93}$$

其中长程修正项为

$$P_{c}=\frac{\rho^{2}}{6}\int_{r_{c}}^{+\infty}g(r)\frac{\partial U}{\partial r}4\pi r^{3}\mathrm{d}r \tag{3.94}$$

3.6.3 动态关联函数

动态关联函数是指系统空间关联函数在时间上的演化，通常用来描述系统随时间演化的性质。动态关联函数可以在静态关联函数的基础上将其推广到时间依赖得到。

$$A(\mathbf{r},t)=\sum_{i=1}^{N}a_{i}(t)\delta[\mathbf{r}-\mathbf{r}_{i}(t)] \tag{3.95}$$

式中，a_i 代表粒子 i 的质量、速度、能量等物理量。其空间部分的傅里叶变换可以表示为

$$A_{\mathbf{k}}(t)=\int A(\mathbf{r},t)\exp(-\mathrm{i}\mathbf{k}\cdot\mathbf{r})\mathrm{d}\mathbf{r}=\sum_{i=1}^{N}a_{i}(t)\exp[-\mathrm{i}\boldsymbol{k}\cdot\mathbf{r}_{i}(t)] \tag{3.96}$$

时间依赖的微观粒子密度可以表示为

$$\rho(\mathbf{r},t)=\sum_{i=1}^{N}\delta[\mathbf{r}-\mathbf{r}_{i}(t)] \tag{3.97}$$

满足

$$\int\rho(\mathbf{r},t)\mathrm{d}\mathbf{r}=N$$

空间时间依赖的密度关联函数可以用 van Hove 关联函数来描述，即

$$G(\mathbf{r},t)=\left\langle\frac{1}{N}\int\rho(\mathbf{r}'+\mathbf{r},t)\rho(\mathbf{r}',0)\mathrm{d}\mathbf{r}'\right\rangle$$

$$=\left\langle\frac{1}{N}\int\sum_{i=1}^{N}\sum_{j=1}^{N}\delta[\mathbf{r}'+\mathbf{r}-\mathbf{r}_j(t)]\delta[\mathbf{r}'-\mathbf{r}_i(0)]\mathrm{d}\mathbf{r}'\right\rangle$$

$$G(\mathbf{r},t)=\left\langle\frac{1}{N}\sum_{i=1}^{N}\sum_{j=1}^{N}\delta[\mathbf{r}-\mathbf{r}_j(t)+\mathbf{r}_i(0)]\right\rangle \tag{3.98}$$

van Hove 关联函数可以分为自关联和异关联两部分

$$G(\mathbf{r},t)=G_s(\mathbf{r},t)+G_d(\mathbf{r},t) \tag{3.99}$$

式中

$$G_s(\mathbf{r},t)=\left\langle\frac{1}{N}\sum_{i=1}^{N}\delta[\mathbf{r}-\mathbf{r}_i(t)+\mathbf{r}_i(0)]\right\rangle \tag{3.100}$$

$$G_d(\mathbf{r},t)=\left\langle\frac{1}{N}\sum_{i=1}^{N}\sum_{j\neq i}^{N}\delta[\mathbf{r}-\mathbf{r}_j(t)+\mathbf{r}_i(0)]\right\rangle \tag{3.101}$$

van Hove 关联函数的自关联部分 $G_s(\mathbf{r},t)$ 表示经过时间 t 后，粒子运动到距离其初始位置 $\mathbf{r}$ 处的概率大小，而异关联部分 $G_d(\mathbf{r},t)$ 表示不同粒子空间关联随时间的演化。当 $t=0$ 时，$G_s(\mathbf{r},0)=\delta(\mathbf{r})$，而 $G_d(\mathbf{r},0)=\rho g(\mathbf{r})$。

如果对 van Hove 函数式（3.98）的空间部分做傅里叶变换，就可以得到中间散射函数（intermediate scattering function）$F(\mathbf{k},t)$：

$$F(\mathbf{k},t)=\int G(\mathbf{r},t)\exp(-\mathrm{i}\mathbf{k}\cdot\mathbf{r})\mathrm{d}\mathbf{r} \tag{3.102}$$

该函数与非弹性中子散射实验的测量密切相关。对 $F(\mathbf{k},t)$ 继续做傅里叶变换，就可以得到所谓的动态结构因子

$$S(\mathbf{k},\omega)=\frac{1}{2\pi}\int_{-\infty}^{+\infty}F(\mathbf{k},t)\exp(\mathrm{i}\omega t)\mathrm{d}t \tag{3.103}$$

同样，如果只考虑中间自散射函数（self-intermediate scattering function, SISF）

$$\begin{aligned}F_s(\mathbf{k},t)&=\int G_s(\mathbf{r},t)\exp(-\mathrm{i}\mathbf{k}\cdot\mathbf{r})\mathrm{d}\mathbf{r}\\&=N^{-1}\sum_{j=1}^{N}\langle\exp[\mathrm{i}\mathbf{k}\cdot(\mathbf{r}_{j,t}-\mathbf{r}_{j,0})]\rangle\end{aligned} \tag{3.104}$$

$$S_s(\mathbf{k},\omega)=\frac{1}{2\pi}\int_{-\infty}^{+\infty}F_s(\mathbf{k},t)\exp(\mathrm{i}\omega t)\mathrm{d}t \tag{3.105}$$

van Hove 函数的自关联部分 $G_s(\mathbf{r},t)$ 的方差就是均方位移（mean-square displacement，MSD），即

$$\langle \Delta r^2(t) \rangle = \frac{1}{N}\sum_{j=1}^{N}\langle (r_{j,t}-r_{j,0})^2 \rangle \tag{3.106}$$

图 3.5 展示了一种合金液体在不同温度下的中间散射函数的自关联部分（也称为中间自散射函数）和均方位移。高温下的中间自散射函数呈现出 e 指数弛豫，随着温度的降低，中间自散射函数表现出非 e 指数行为。通常采用中间自散射函数为e^{-1}时所对应的时间尺度来作为体系的结构弛豫时间。

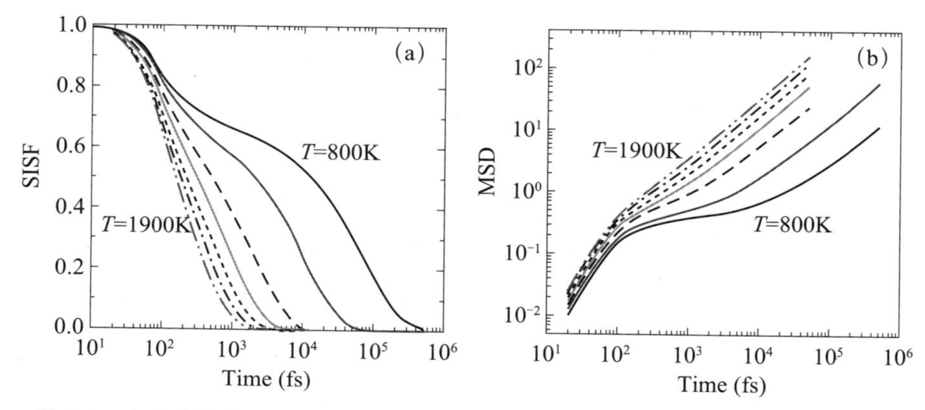

图 3.5　合金液体在不同温度下的中间散射函数的自关联部分（a）和均方位移（b）

长时间尺度的均方位移的斜率对应体系的扩散系数 D，即

$$D = \frac{1}{6}\lim_{t\to\infty}\frac{\langle \Delta r^2(t) \rangle}{t} \tag{3.107}$$

因此，可以通过计算体系的均方位移来得到其扩散系数。如图 3.5（b）所示，通过拟合长时间尺度均方位移的斜率可以得到扩散系数。

3.6.4　速度-速度自关联函数和振动谱

对于一个 N 粒子系统，归一化的速度-速度自关联函数为

$$f(t) = \frac{\left\langle \sum_{i=1}^{N} m_i \mathbf{v}_{i,0} \cdot \mathbf{v}_{i,t} \right\rangle}{\left\langle \sum_{i=1}^{N} m_i \mathbf{v}_{i,0} \cdot \mathbf{v}_{i,0} \right\rangle} \tag{3.108}$$

式中，〈〉代表系综平均，$\mathbf{v}_{i,0}$ 和 $\mathbf{v}_{i,t}$ 分别为粒子 i 在初始时刻和 t 时刻的速度，m_i 为质量。对速度-速度自关联函数做傅里叶变换，可以得到系统的

振动谱，即

$$D(\omega)=\frac{1}{2\pi}\int_{-\infty}^{+\infty}f(t)\exp(\mathrm{i}\omega t)\mathrm{d}t \tag{3.109}$$

式中，ω 为振动频率。上式虽然是对所有时间进行积分，但是通常 $f(t)$ 会在几个 ps 的时间尺度内收敛到零。这种方法相对简单，可以直接利用分子动力学模拟的数据来研究系统的动力学性质。图 3.6 展示了 LaAl 无序体系中的速度-速度自关联函数以及对其做傅里叶变换得到的振动谱。

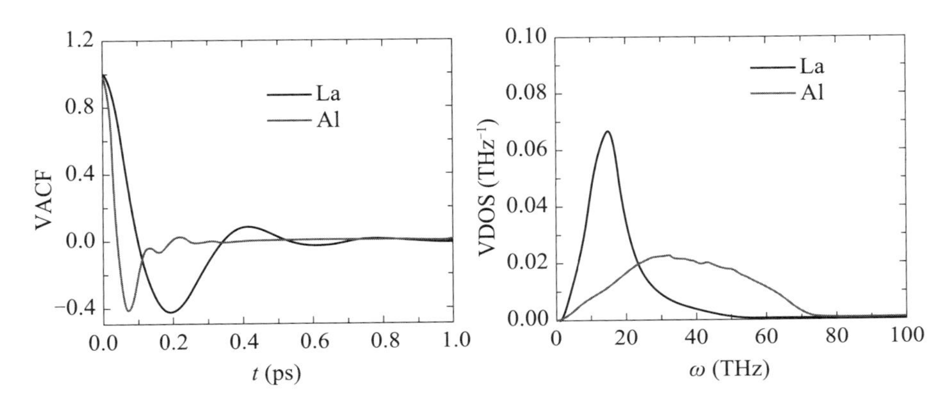

图 3.6　LaAl 无序体系中 La 和 Al 原子的速度-速度自关联函数（左）和振动谱（右）

习题

1. 编写一个二维、原胞尺寸为 L 的周期边界条件的计算程序。

2. 试做温度固定的单原子系统的分子动力学模拟。原胞长度为 10。原胞内原子数为 64。原子质量为 1。采用 Lennard-Jones 势，其中 $\varepsilon=1$，$\sigma=1$，采用周期性边界条件，初始位置随机分布，初始速度按［−1，1］随机分布，系统温度固定在 0.85，做分子动力学模拟。给出动能-时间关系以及系统平衡后的速度分布。

3. 将 20 个粒子放入具有周期性边界条件的 10×10 的盒子中，并在随机选定的方向上设定初始速度 $v=0$，时间步长为 0.02。采用 Lennard-Jones 势，其中 $\varepsilon=1$，$\sigma=1$。

(1) 模拟这个体系，并在每两个时间步记录一次粒子的位置。

(2) 计算不同时间间隔的速度分布：(a) $t=0\sim20$；(b) $t=20\sim40$；(c) $t=40\sim60$。

(3) 计算原子均方位移随时间的变化。证明运动确实是扩散的，即 $(\Delta r)^2\approx Dt$，并求出扩散系数。此外，也可以研究 D 随密度的变化。具体步骤如下：

1）将气体分子等距离放入盒子中，分子 i 的坐标为（x_{i0}，y_{i0}）。随机扰动每个气体分子的位置，即 $x_i=x_{i0}+2(\xi_1-0.5)\delta r$，$y_i=y_{i0}+2(\xi_2-0.5)\delta r$。这里 ξ_1 和 ξ_2 是区间［0，1］内均匀分布的随机数，δr 为随机扰动的最大距离。采用 Verlet 算法，根据 $v_{xi}=2(\xi_1-0.5)v_0$，$v_{yi}=2(\xi_2-0.5)v_0$ 计算随机初始速度，并且初始时刻之前的位置定义为 $x_{i,-1}=x_i-v_{xi}\Delta t$，$y_{i,-1}=y_i-v_{yi}\Delta t$。

2）计算粒子 i 与粒子 j 间的距离 r_{ij}（考虑周期性边界条件），并计算所有距离小于 r_{cut} 的粒子对粒子 i 的受力之和 $\sum_j f_{ij}$。

3）通过 Verlet 算法更新粒子 i 的位置和速度。迭代 N 个粒子。

第四章 蒙特卡罗方法

4.1 概　述

蒙特卡罗方法（Monte Carlo method）是一种统计模拟方法，它基于概率统计理论，依靠大量的随机抽样来获得数值结果。具体来说，它是根据物理现象本身的统计规律，或人为构造一个合适的依赖随机变量的概率模型，使该随机变量的统计量为待求问题的解，从而进行大量统计的实验方法或计算机随机模拟方法。蒙特卡罗方法在发展初期主要用于解决典型的数学、粒子输运、统计物理等问题。到目前为止，该模拟方法已经广泛应用于量子力学、医学、生物、工程、电力等领域。此外，蒙特卡罗模拟在金融、经济、社会学等领域也有着广泛的应用。

蒙特卡罗方法的由来可以追溯到 18 世纪的法国数学家布丰（Comte de Buffon)。他提出用投针方法计算圆周率，通常被认为是蒙特卡罗方法的起源，是成功利用概率方法解决圆周率这一几何问题的典范。20 世纪 30 年代，Enrico Fermi 在研究中子扩散时首次尝试了蒙特卡罗方法，并设计了一个蒙特卡罗机械装置，用于计算核反应堆的临界状态。直到 20 世纪 40 年代，得益于美国核武器的研制，蒙特卡罗方法正式诞生，并得到了快速发展。Stanislaw Ulam 在美国洛斯阿拉莫斯国家实验室研究核武器项目时，发明了现代版的马尔可夫链蒙特卡罗方法。之后，John von Neumann 编写了程序进行蒙特卡罗计算。随后，Nicholas Metropolis 根据随机模拟算法与赌博二者之间的相似性，借用摩纳哥的赌城蒙特卡罗（Monte Carlo）来命名该方法。

4.1.1 蒙特卡罗方法的基本概念

下面通过两个简单的例子来初步认识蒙特卡罗方法。

（1）布丰投针问题。正如前面所提到的，法国数学家布丰利用投针试验估算了 π 的值。具体来说，就是在一组间距均为 d 的平行线上随机投掷长度为 l（$l\leqslant d$）的针，投掷 n 次。布丰投针问题的示意图如图 4.1 所示。根据针与平行线相交的次数 m，可以估算出圆周率 π 的值。可以看出，针在区域 $[0, d)\times[0, \pi)$ 内均匀分布，因此其概率密度函数为 $\frac{1}{d\pi}$。根据概率论，针与平行线相交的概率为

$$p=\int_0^{\pi}\frac{l\sin\theta}{d\pi}\mathrm{d}\theta=\frac{2l}{d\pi} \tag{4.1}$$

式中，θ（$\theta\in[0, \pi)$）为针与平行线之间的夹角。根据投针试验，可以得出针与平行线相交的概率为

$$p=\frac{m}{n} \tag{4.2}$$

因此，圆周率可以表示为

$$\pi=\frac{n}{m}\frac{2l}{d} \tag{4.3}$$

这样，根据投针的次数以及针与平行线相交的次数即可估算出 π 的值。

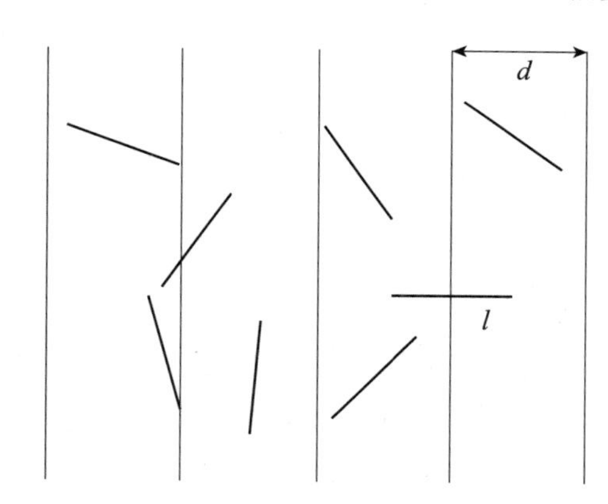

图 4.1 布丰投针问题示意图

说明：长线代表间距均为 d 的平行线，短线代表长度为 l 的投针。

（2）根据一个单位正方形内嵌的四分之一圆，可以用蒙特卡罗方法来近似求得 π 的值。画一个正方形，然后在其中画出一个四分之一圆，它们的面积比是 $\pi/4$。在正方形上均匀散布给定数量的点，当散布的点足够多时，四

分之一圆内部的点的数目 m 与点的总数目 n 之比与两个区域面积之比近似相等，即 $n/m \approx \pi/4$。这样就可以估算出 π 的值。图 4.2 展示了这一过程。

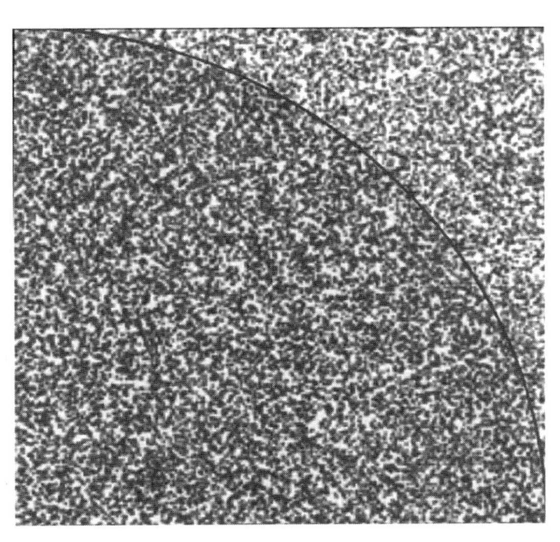

图 4.2　单位正方形内嵌的四分之一圆，当随机散布足够的点时可以估算出 π 的值

从以上两个例子可以看出，投针或者散布点的过程需要进行很多次。如果整个正方形中只有几个点是随机放置的，那么这个近似值通常会很差。一般而言，随着放置的点增多，近似值精度会得到提升。如果这些点不是均匀分布的，那么近似效果也会很差。此外，投针或者点在相应的区域内需要均匀分布，否则很难达到预期的结果。因此，蒙特卡罗方法所要解决的问题就是某种事件出现的概率或者某个随机变量的期望值，通过大量的随机取样，得到该事件出现的概率或者该随机变量的平均值，从而得到问题的解。

4.1.2　蒙特卡罗方法的数学基础

从以上例子可以看出，概率论中的大数定律和中心极限定理是蒙特卡罗方法的数学基础，即均匀分布的算术平均值收敛于真值和置信水平下的统计误差。

(1) 大数定律。均匀分布的算术平均值收敛于真值。设 ξ_1，ξ_2，…，ξ_n，…是一随机变量序列，相互独立且服从同一分布，具有数学期望 $E(\xi_i)=\mu$（$i=1, 2, \cdots$），则对于任意的 $\varepsilon>0$，有

$$\lim_{n\to\infty} P\left\{\left|\frac{1}{n}\sum_{i=1}^{n}\xi_i-\mu\right|<\varepsilon\right\}=1 \tag{4.4}$$

大数定律指出，当 $n\to\infty$ 时，算术平均值将收敛到数学期望 μ。对于独立

同分布且具有平均值 μ 的随机变量，当 n 很大时，其算术平均值很可能接近于 μ。算术平均值收敛到数学期望的程度和误差估计则由中心极限定理给出。

（2）中心极限定理。设 ξ_1，ξ_2，…，ξ_n，…为一随机变量序列，相互独立且服从同一分布，具有数学期望 $E(\xi_i)=\mu$（$i=1$，2，…），方差为 $D(\xi_i)=\sigma^2$，则对于任意实数 λ，当 $n\to\infty$ 时

$$\lim_{n\to\infty}P\left\{\frac{\frac{1}{n}\sum_{i=1}^{n}\xi_i-\mu}{\sigma/\sqrt{n}}<\lambda\right\}=\frac{1}{\sqrt{2\pi}}\int_{-\infty}^{\lambda}\mathrm{e}^{-x^2/2}\mathrm{d}x \tag{4.5}$$

中心极限定理表明，当 n 足够大时，均值为 μ、方差为 σ^2 的独立同分布的随机变量的算术平均值近似服从均值为 μ、方差为 σ^2/n 的正态分布。根据正态分布函数的对称性特点，上式可以表示为

$$\lim_{n\to\infty}P\left\{\left|\frac{1}{n}\sum_{i=1}^{n}\xi_i-\mu\right|<\frac{\lambda\sigma}{\sqrt{n}}\right\}\approx\frac{2}{\sqrt{2\pi}}\int_{0}^{\lambda}\mathrm{e}^{-\frac{x^2}{2}}\mathrm{d}x=1-\alpha \tag{4.6}$$

表示当 n 很大时，上式中不等式成立的概率为 $1-\alpha$。这里 α 称为显著性水平，$1-\alpha$ 为置信水平。λ 为正态量，$\frac{\lambda\sigma}{\sqrt{n}}$是用算术平均值逼近数学期望的误差。可以看出，算术平均值收敛到数学期望的阶数为$\frac{1}{\sqrt{n}}$，即蒙特卡罗方法收敛的阶数很低，收敛速度较慢，误差由 σ 和 n 决定。

显然，当给定显著性水平 α 后，误差 ε 由 σ 和 n 决定。若要减小 ε，则或者增大 n，或者减小方差 σ^2。在 σ 固定的情况下，要把精度提高一个数量级，试验次数 n 则需增加两个数量级。因此，单纯增大 n 并不是一种有效的办法。另外，如果能将均方差 σ 减小一半，那么误差就会减小一半，这相当于 n 变为原来的 4 倍的效果。因此，降低方差的各种技巧是蒙特卡罗方法中非常重要的课题。

4.1.3 蒙特卡罗方法的主要构成

从以上简单的例子可以看出，蒙特卡罗方法由以下主要部分构成：

（1）概率密度函数，必须给出描述一个物理系统的一组概率密度函数；

（2）随机数产生器：能够产生在区间［0，1］上均匀分布的随机数；

（3）抽样规则：如何从在区间［0，1］上均匀分布的随机数出发，随机抽取服从给定的概率密度函数的随机变量；

(4) 模拟结果记录：记录一些感兴趣的量的模拟结果；

(5) 误差估计：确定统计误差（或方差）随模拟次数以及其他一些量的变化。

4.1.4 蒙特卡罗方法的优缺点

蒙特卡罗方法能够比较逼真地描述具有随机性质的事物的特点及物理实验过程。它受几何条件的限制小，并且收敛速度与问题的维数无关，具有同时计算多个方案与多个未知量的能力，误差容易确定，程序结构简单，易于实现。

(1) 受几何条件的限制小。例如，在计算 s 维空间中的任一区域 D_s 上的积分

$$f=\int\cdots\int_{D_s} f(x_1,x_2,\cdots,x_s)\mathrm{d}x_1\mathrm{d}x_2\cdots\mathrm{d}x_s$$

时，无论区域 D_s 具有什么形状，只要能给出 D_s 的几何特征条件，就可以从 D_s 中均匀产生 N 个点 $(x_1^{(i)},x_2^{(i)},\cdots,x_s^{(i)})$，得到积分的近似值

$$\overline{f}_N=\frac{V_{D_s}}{N}\sum_{i=1}^{N}f(x_1^{(i)},x_2^{(i)},\cdots,x_s^{(i)})$$

式中，V_{D_s} 为区域 D_s 的体积。这是一般数值方法难以做到的。

(2) 收敛速度与所研究问题的维数无关。由误差定义可知，在给定置信水平的情况下，蒙特卡罗方法的收敛速度为 $O(N^{-1/2})$，与问题本身的维数无关。维数的变化只引起抽样时间及估计量计算时间的变化，不影响误差。也就是说，使用蒙特卡罗方法时，抽取的样本总数与维数无关。这一特点决定了蒙特卡罗方法在处理多维问题时的优越性。而对于一般数值方法，比如计算定积分时，计算时间与维数的幂次成正比，而且需占用相当数量的计算机内存，这些都是一般数值方法在计算高维积分时难以克服的困难。

(3) 误差容易确定。对于一般计算方法，要给出计算结果与真值的误差并不是一件容易的事情，而蒙特卡罗方法可以在计算所求量的同时根据误差公式计算出误差。一般计算方法常存在有效位数损失问题，蒙特卡罗方法则不存在这一问题。

当然，蒙特卡罗方法也有不足之处。蒙特卡罗方法的收敛速度慢。如前所述，蒙特卡罗方法的收敛速度为 $O(N^{-1/2})$，一般不容易得到精确度较高的近似结果。此外，蒙特卡罗方法的误差具有概率性。蒙特卡罗方法的误差由

于是在一定置信水平下估计的，因此具有概率性，而不是一般意义下的误差。

4.2 随机数

如前所述，用蒙特卡罗方法在计算机上模拟一个随机过程时，其首要任务是产生满足相应概率分布的随机变量。在连续型随机变量的分布中，最简单、最基本的分布是单位均匀分布。由该分布抽取的简单子样称为随机数序列，其中的每一个体称为随机数，在区间［0，1］上均匀分布。因此，随机数是指一个数列，其中每一个体的值与数列中的其他数无关。在一个均匀分布的随机数序列中，每一个体出现的概率是均等的。将区间［0，1］上均匀分布的随机数作为已知量，用适当的数学方法可以产生具有任意已知分布的简单子样。因此，随机数应具有以下基本特性：

（1）随机数序列应是独立的、互不相关的，即序列中的任一子序列应与其他子序列无关。

（2）均匀分布的随机数应满足均匀性。随机数序列应是均匀的、无偏的，即如果两个子区间的面积相等，则落在这两个子区间内的随机数的个数应相等。如果不满足均匀性，则会出现序列中的多组随机数相关的情况。

4.2.1 随机数的产生

区间［0，1］上均匀分布的随机数是蒙特卡罗模拟的基础，服从任意分布的随机数序列可以用区间［0，1］上均匀分布的随机数序列做适当的变换或舍选后求得。因此，下面着重讨论区间［0，1］上均匀分布的随机数的产生方法。

1. 随机数表

为了产生随机数，可以使用随机数表。随机数表由0，1，…，9这10个数字组成，每个数字以0.1的等概率出现，数字之间相互独立。这些数字序列叫作随机数序列。如果要得到n位有效数字的随机数，则只需将表中每n个相邻的随机数字合并在一起，且在最高位的前面加上小数点即可。例如，某随机数表的第一行数字为2745910836…，希望得到三位有效数字的随机数依次为0.274、0.591、0.083。由于随机数表需要占用较大内存，而且难以满足蒙特卡罗方法对随机数的需求，因此，该方法不适合在计算机上使用。

2. 物理方法

可以利用某些物理现象，通过在计算机上增加特殊设备，在计算机上直接产生随机数。这些特殊设备称为随机数发生器。可以利用一些具有内在随机性的物理过程作为随机数发生器，例如放射性物质的衰变、热噪声、计算机的固有噪声等。

用物理方法产生的随机数序列无法重复实现，不能进行重复计算，给验证结果带来了很大困难，而且需要增加随机数发生器和电路联系等附加设备，费用昂贵。因此，该方法也不适合在计算机上使用。

3. 数学方法

数学方法是在计算机上产生随机数最实用的方法，即利用数学递推公式在计算机中产生随机数

$$r_{n+k} = T(r_n, r_{n+1}, \cdots, r_{n+k-1})$$

式中，T 为某个函数。给定初值 $r_1, r_2, \cdots, r_k$，可按上式确定 $r_{n+1}(n = 1,2,\cdots)$，从而获得随机数序列。该方法能够快速产生大量随机数，并且占用内存少。更重要的是，数学方法产生的随机数序列可以重复使用，使得模拟结果能够重复出现，方便程序的调试。

但是，由数学递推公式产生的随机数并不是真正的随机数。这样产生的随机数存在两个问题：（1）随机数序列存在周期性循环；（2）随机数序列中的数相互之间并不独立。由于随机数序列是由数学递推公式产生的，而计算机所能表示的区间［0，1］上的数是有限的，因此，当数学公式递推足够多时，随机数序列就不可避免地会出现周期性重复。此外，当递推公式和初始值确定后，整个随机数序列便确定下来，这样的随机数序列并不满足随机数相互独立的要求。所以，由数学递推公式产生的随机数并不是真正的随机数，通常称为伪随机数。

在蒙特卡罗模拟中，只要所使用的随机数的个数不超过由递推公式产生的随机数序列的周期长度，就可以避免随机数序列的周期性循环。或者也可以通过改变初始值来改变随机数序列，从而避免随机数序列的周期性循环。另外，为了尽量满足随机数序列中随机数间的相互独立性，同时使得随机数序列的周期尽可能地长，研究人员改进了产生随机数的方法，以使由数学递推公式产生的随机数尽可能满足随机数的基本特性。

4.2.2 随机数发生器

从上面可以看出，计算程序产生的随机数并不是真正的随机数，它们是确定的，但看上去是随机的，且能通过一些随机性的检验，故常称为伪随机数。伪随机数的个数发生周期性循环的现象称为伪随机数的周期。从伪随机数序列的初始值开始，到出现循环为止，所产生的伪随机数的个数称为伪随机数的最大容量。下面介绍最常用的伪随机数发生器——线性同余方法（linear congruential method）。线性同余方法是使用最多、最广的随机数发生器，其递推公式为

$$x_{i+1} = (ax_i + c)(\bmod m), \quad i = 1,2,\cdots \tag{4.7}$$

式中，x_1 为初始值，即种子，改变 x_1 即可得到不同的随机数序列；a、c、m 皆为整数，a 为乘法器，c 为增值，m 为模数；mod 为取模运算。该方法产生整型的随机数序列，随机性源于取模运算。如果要产生［0，1］之间的随机数，则只需将每个数除以 m 即可：

$$\xi_{i+1} = \frac{x_{i+1}}{m}, \quad i = 1,2,\cdots$$

该方法产生的随机数序列的最大容量为 m，因此 m 应尽可能地大，通常将 m 取为计算机所能表示的最大整型量。随机数序列的独立性和均匀性取决于参数 a 和 c 的选择。用线性同余方法产生的随机数序列具有周期 m 的条件是：

（1）c 和 m 为互质数；

（2）$a-1$ 是 m 的任一奇数因子的倍数；

（3）如果 m 是 4 的倍数，那么 $a-1$ 也是 4 的倍数。

为了便于在计算机上使用，通常取 $m = 2^s$，其中 s 为计算机中二进制数的最大可能有效位数。C 语言中就是采用线性同余方法来生成随机数，并且选取 $m = 2^{31}$，$a = 1\ 103\ 515\ 245$，$c = 12\ 345$。

若式（4.7）中的 $c = 0$，则得到的伪随机数发生器通常称为乘同余法。1969 年，Lewis，Goodman 和 Miller 提出了如下伪随机数发生器

$$x_{i+1} = ax_i(\bmod m), \quad i = 1,2,\cdots \tag{4.8}$$

这里取 $a = 16\ 807$，$m = 2^{31} - 1 = 2\ 147\ 483\ 647$。该伪随机数发生器的周期可达 2.1×10^9。

4.3　对概率分布函数的抽样

蒙特卡罗模拟的主要任务就是通过对所求解问题的概率密度函数进行随机抽样，模拟物理系统的状态。抽样方法主要包括直接抽样法、舍选抽样法、变换抽样法、重要抽样法等。

4.3.1　直接抽样法

直接抽样法是根据概率分布进行采样。对于一个已知概率密度函数和累积概率密度函数的概率分布，可以直接从累积分布函数中进行采样。设 $y=F(x)$ 为随机变量 x 的累积分布函数，也就是说，x 和 y 是一一对应的。先随机抽取 y，然后通过求 $F(x)$ 的反函数 $F^{-1}(y)$ 得到随机变量 x 的值，即

$$x = F^{-1}(y) \tag{4.9}$$

随机变量 y 在区间［0，1］上均匀分布。因此，可以利用区间［0，1］上均匀分布的随机数发生器抽取。

下面以粒子衰变末态的随机抽样来说明直接抽样法。假设粒子 a 有三种衰变方式，即粒子 a 分别以概率 $p_1=0.3$，$p_2=0.3$ 和 $p_3=0.4$ 衰变为 $a \to b_1+c_1$，$a \to b_2+c_2$ 和 $a \to b_3+c_3$。这里三种衰变的概率总和为 1，即 $p_1+p_2+p_3=1$。采用直接抽样法，利用区间［0，1］上均匀分布的随机数 ξ 直接抽取衰变方式：

（1）当 $0<\xi\leqslant 0.3$ 时，粒子 a 衰变为 b_1+c_1；

（2）当 $0.3<\xi\leqslant 0.6$ 时，粒子 a 衰变为 b_2+c_2；

（3）当 $0.6<\xi\leqslant 1$ 时，粒子 a 衰变为 b_3+c_3。

以上是针对离散型随机变量的直接抽样法。下面以指数分布的直接抽样为例来说明连续型随机变量的直接抽样法。指数分布的密度函数为

$$f(x) = \lambda e^{-\lambda x}, \quad x > 0, \quad \lambda > 0$$

积分得到其分布函数为

$$F(x) = \int_{-\infty}^{x} f(t)\,dt = \int_{0}^{x} \lambda e^{-\lambda t}\,dt = 1 - e^{-\lambda x}$$

令 $\xi=F(\eta)=1-e^{-\lambda\eta}$，则指数分布随机变量的抽样为

$$\eta = -\frac{1}{\lambda}\ln(1-\xi) = -\frac{1}{\lambda}\ln\xi$$

这里（$1-\xi$）和 ξ 同样服从区间［0，1］上的均匀分布。

需要注意的是，$F(x)$ 必须是归一化的。使用累积分布函数进行采样简单易行，但是很多分布并不能写出概率密度函数和累积分布函数，因此直接抽样法的适用范围较窄。

4.3.2 舍选抽样法

许多随机变量的累积分布函数无法用解析函数给出，而有些随机变量的累积分布函数的反函数不存在，或者即使反函数存在，计算也困难。因此，需要采用其他抽样法，如舍选抽样法（acceptance-rejection sampling）。

舍选抽样法，也称接受-拒绝采样法，即抽取随机变量 x 的一个随机序列 x_i（$i=1, 2, \cdots$），按一定的舍选规则从中选出一个子序列，使其满足给定的概率分布。舍选抽样法通常可以分为简单舍选抽样法和改进的舍选抽样法。

设随机变量 $x\in[a, b]$，其概率密度函数 $f(x)$ 有界，即

$$\max_{a\leqslant x\leqslant b} f(x) = c$$

采用简单舍选抽样法，首先产生区间［a，b］内均匀分布的随机数 x

$$x = (b-a)\xi_1 + a$$

式中，ξ_1 为区间［0，1］内的随机数。然后产生区间［0，c］内均匀分布的随机数 y

$$y = c\xi_2$$

式中，ξ_2 也是区间［0，1］内的随机数。当 $y\leqslant f(x)$ 时，接受 x 为所需的随机数，否则，重新抽取一对(x, y)。

对于简单舍选抽样法，要产生 m 个随机变量 x 的值，需产生 n 对（x，y），显然，$m\leqslant n$，因此简单舍选抽样法的效率为

$$E = \frac{m}{2n} = \frac{\int_a^b f(x)\mathrm{d}x}{2(b-a)c} = \frac{1}{2(b-a)c}$$

一般的积分也可以采用简单舍选抽样法，按照上述步骤来估算积分值。此外，对于定积分

$$I = \int_a^b f(x)\mathrm{d}x$$

取在区间［a，b］内均匀分布的 N 个点，计算函数 $f(x)$ 在这些点上的平均值，则其可以近似为

$$I=\int_a^b f(x)\mathrm{d}x \approx \frac{1}{N}\sum_{i=1}^{N} f(x_i)$$

式中，x_i 是区间 $[a, b]$ 内均匀分布的随机数。上式采用样本平均来代替期望值，也称为求解定积分的样本均值法。

对于简单舍选抽样法，如果函数 $f(x)$ 曲线下方的面积占矩形面积的比例很小，则抽样效率会很低，这是因为随机数 x 和 y 在区间 $[a, b]$ 和 $[0, c]$ 内均匀分布，所产生的大部分投点不会落在 $f(x)$ 曲线下方。如果能构造一个新的概率密度函数 $g(x)$，并乘以一个常数 C，使其形状接近并在 $f(x)$ 上方，即

$$Cg(x) \geqslant f(x), \quad x \in [a, b]$$

而且 $g(x)$ 的抽样相对比较容易，则这样抽样的效率会大大提高。这就是改进的舍选抽样法。

改进的舍选抽样法的思路与简单舍选抽样法的思路一致：先产生分布为 $g(x)$ 的随机数 x $(x\in[a, b])$，再产生区间 $[0, Cg(x)]$ 上均匀分布的随机数 y，即 $y=Cg(x)\cdot\xi$，这里 $\xi\in[0, 1]$。这样就随机选取了位于曲线 $Cg(x)$ 下方的点 (x, y)。如果 $y>f(x)$，则舍弃，并重复上述过程；否则，接受。在整个过程中，通过一系列的接受或拒绝，选取位于曲线 $f(x)$ 下方的点，从而得到概率密度为 $f(x)$ 的分布。

例如，对区间 $[-a, a]$ 内的标准正态分布

$$f(x)=\frac{1}{\sqrt{2\pi}}\mathrm{e}^{-\frac{x^2}{2}}, \quad x\in[-a,a] \tag{4.10}$$

考虑如何抽样。正态分布的累积分布函数无解析表达式，故无法采用直接抽样法。这里考虑标准柯西分布的概率密度函数，即

$$g'(x)=\frac{1}{\pi(1+x^2)} \tag{4.11}$$

$$C=\max\left\{\frac{f(x)}{g'(x)}\right\}=\max\left\{\sqrt{\frac{\pi}{2}}(1+x^2)\,\mathrm{e}^{-x^2/2}\right\}=\sqrt{\frac{2\pi}{\mathrm{e}}}=1.52 \tag{4.12}$$

构造区间 $[-a, a]$ 内的概率密度函数 $g(x)$ 为

$$g(x)=\frac{g'(x)}{\int_{-a}^{a} g'(x)\mathrm{d}x}=\frac{1}{2\arctan a}\frac{1}{1+x^2} \tag{4.13}$$

其累积分布函数为

$$F_g(x)=\int_{-a}^{x} g(x')\mathrm{d}x'=\frac{1}{2\arctan a}[\arctan x-\arctan(-a)] \tag{4.14}$$

采用直接抽样法，由 $g(x)$ 计算 x，即从区间 [0，1] 内抽取随机数 η，根据式（4.14）计算 x，得

$$x=\tan(2\eta\arctan a+\arctan(-a))$$

从区间 [0，1] 内抽取另一个随机数 ξ，计算

$$u=\xi Cg'(x)=\xi\left(\frac{1.52}{\pi(1+x^2)}\right)$$

然后计算 $f(x)$，如果 $u\leqslant f(x)$，就接受 x。

4.3.3 变换抽样法

变换抽样法的基本思想是将一个比较复杂的分布函数的抽样变换为一个已知的简单分布函数的抽样。例如，分布密度函数 $f(x)$ 的随机变量 x 的抽样比较复杂。若已知分布密度函数 $g(y)$ 在区间 [0，1] 内均匀分布，即

$$g(y)=\begin{cases}1, & 0\leqslant y\leqslant 1\\ 0, & y>1,\quad y<0\end{cases}$$

根据概率密度守恒，则函数 $f(x)$ 可以表示为

$$f(x)\mathrm{d}x=g(y)\mathrm{d}y$$

$$f(x)=\left|\frac{\mathrm{d}y}{\mathrm{d}x}\right|g(y)$$

这样就将问题转化为求 $y(x)$，使其导数为 $f(x)$，即

$$f(x)=\left|\frac{\mathrm{d}y}{\mathrm{d}x}\right|$$

而 $x(y)$ 正好满足分布函数 $f(x)$。具体来说，在区间 [0，1] 内对变量 y 抽样得到均匀分布的随机数，然后由 $x(y)$ 得到概率密度函数 $f(x)$ 的随机变量 x 的抽样。

对于二维情况，也就是有两个随机变量 x 和 y 的联合概率密度函数 $f(x,y)$，若已知随机变量 u 和 v 的联合概率密度函数 $g(u,v)$，则变换为

$$f(x,y)\mathrm{d}x\mathrm{d}y=g(u,v)\mathrm{d}u\mathrm{d}v=g(u,v)\left|\frac{\partial(u,v)}{\partial(x,y)}\right|\mathrm{d}x\mathrm{d}y$$

其中雅可比行列式为

$$J=\left|\frac{\partial(u,v)}{\partial(x,y)}\right|=\left(\frac{\partial u}{\partial x}\frac{\partial v}{\partial y}-\frac{\partial u}{\partial y}\frac{\partial v}{\partial x}\right)$$

由此可得

$$f(x,y)=g(u,v)\left|\frac{\partial(u,v)}{\partial(x,y)}\right|$$

如果取联合概率密度函数 $g(u,v)$ 为均匀分布

$$g(u,v)=\begin{cases}1, & 0\leqslant u, \quad v\leqslant 1\\ 0, & u,v>1, \quad u,v<0\end{cases}$$

因此，只要求得 $x(u,v)$ 和 $y(u,v)$，使得

$$f(x,y)=\left|\frac{\partial(u,v)}{\partial(x,y)}\right|$$

通过对均匀分布的随机变量 u 和 v 的抽样，就可以得到 $f(x,y)$ 随机变量 x 和 y 的抽样。

例如，正态分布的抽样

$$f(x)=\frac{1}{\sqrt{2\pi}}\mathrm{e}^{-\frac{x^2}{2}}, \quad -\infty<x<+\infty$$

可通过变换抽样法获得。

引入与 x 独立且同分布的随机变量 y，随机变量 x 和 y 的联合概率密度函数为

$$f(x,y)=\frac{1}{2\pi}\mathrm{e}^{-\frac{x^2+y^2}{2}}, \quad -\infty<x, \quad y<+\infty$$

采用极坐标，将 x 和 y 变换为

$$x=r\cos\theta, \quad y=r\sin\theta, \quad 0<r<+\infty, \quad 0<\theta<2\pi$$

随机变量 (r,θ) 的概率密度分布为

$$f(r,\theta)=\frac{1}{2\pi}r\mathrm{e}^{-\frac{r^2}{2}}$$

这里雅可比行列式 $J=r$，因此

$$f(r,\theta)=f_1(r)f_2(\theta)=\frac{1}{2\pi}r\mathrm{e}^{-\frac{r^2}{2}}$$

是两个独立分布的乘积，其中

$$f_1(r)=r\mathrm{e}^{-\frac{r^2}{2}}$$

是关于 r 的密度分布，而

$$f_2(\theta)=\frac{1}{2\pi}$$

是关于 θ 的密度分布。这两个分布的抽样可以采用直接抽样法获得。令

$$u=\int_0^{\eta}r\mathrm{e}^{-\frac{r^2}{2}}\mathrm{d}r$$

$$v=\int_0^{\sigma}\frac{1}{2\pi}\mathrm{d}\theta$$

积分并求反函数可得

$$\eta = \sqrt{-2\ln u}$$

$$\sigma = 2\pi v$$

这样就得到了服从正态分布的随机变量 x 和 y 的抽样值为

$$x = \sqrt{-2\ln u}\cos 2\pi v$$

$$y = \sqrt{-2\ln u}\sin 2\pi v$$

4.3.4 重要抽样法

重要抽样法的基本思想是通过改变随机变量的权重，改变样本空间的概率分布，使用加权平均的方法得到期望值。对于多重积分

$$I = \int_D f(\vec{x})\mathrm{d}\vec{x}$$

这里 D 为积分区域，函数 $f(\vec{x})$ 在积分区域内变化较剧烈。如果有一个概率密度函数 $p(x)$ 在积分区域 D 上与被积函数相似，那么积分值可以近似表示为

$$E[f(\vec{x})] = \int_D f(\vec{x})p(\vec{x})\mathrm{d}\vec{x}$$

如果无法从概率密度函数 $p(x)$ 中抽样，或者其抽样成本很高，那么这种情况下可以选取一个新的积分域 D 上随机向量 $\vec{x}$ 的概率密度函数 $q(\vec{x})$，此时上式可以变换为

$$E[f(\vec{x})] = \int_{V_d} f(\vec{x})p(\vec{x})\mathrm{d}\vec{x} = \int_{V_d} f(\vec{x})\frac{p(\vec{x})}{q(\vec{x})}q(\vec{x})\mathrm{d}\vec{x}$$

$$= E\left[f(\vec{x})\frac{p(\vec{x})}{q(\vec{x})}\right]$$

上式第二个等号右边可以看成是函数 $f(\vec{x})\frac{p(\vec{x})}{q(\vec{x})}$ 在概率密度函数 $q(\vec{x})$ 上的期望。令

$$w(\vec{x}) = \frac{p(\vec{x})}{q(\vec{x})}$$

其通常称为重要性权重。这样通过在概率密度函数 $q(\vec{x})$ 上抽样来估算积分

$$I \approx I_n = \frac{1}{n}\sum_{i=1}^{n} f(\vec{x})\frac{p(\vec{x})}{q(\vec{x})}$$

直接抽样法和舍选抽样法都是假设每个粒子的权重相等，而重要抽样法则是赋予每个粒子不同的权重，使用加权平均法来计算期望。可以看出，重要抽

样法通过选取合适的概率密度函数 $q(\vec{x})$，能够减小抽样的难度，减小方差，提高精度。具体来说，采用概率密度函数 $p(\vec{x})$ 和 $q(\vec{x})$ 抽样的方差分别为

$$\mathrm{Var}_p[f(\vec{x})]=E_p[f(\vec{x})^2]-(E_p[f(\vec{x})])^2$$

$$\begin{aligned}\mathrm{Var}_q\left[f(\vec{x})\frac{p(\vec{x})}{q(\vec{x})}\right]&=E_q\left[\left(f(\vec{x})\frac{p(\vec{x})}{q(\vec{x})}\right)^2\right]-\left(E_q\left[f(\vec{x})\frac{p(\vec{x})}{q(\vec{x})}\right]\right)^2\\&=E_p\left[f(\vec{x})^2\frac{p(\vec{x})}{q(\vec{x})}\right]-(E_p[f(\vec{x})])^2\\&=E_p[f(\vec{x})^2w(\vec{x})]-(E_p[f(\vec{x})])^2\end{aligned}$$

可以看出，重要抽样法的方差的第一项多了重要性权重。如果概率密度函数 $p(\vec{x})$ 和 $q(\vec{x})$ 差别较大，则可能会导致方差较大。

4.4　蒙特卡罗方法在物理中的应用

4.4.1　随机游走问题

早在 1905 年，Pearson 提出随机游走问题。假设一个醉汉从一根电线杆的位置出发沿着笔直的马路行走。若以马路为坐标轴，其初始位置的坐标可设为 $x=0$，沿 x 坐标向右为正，向左为负。假设醉汉的步长都是一样的，记为 l，而他走的每一步的取向都是随机的，或向左或向右，与前一步的方向无关。如果醉汉在每个时间间隔内向右行走一步的概率为 p，则向左走一步的概率为 $q=1-p$。醉汉向右走了 n_r 步，向左走了 n_l 步，即总共走了 $N=n_r+n_l$步。醉汉在行走了 N 步之后，离电线杆的距离为 $x=(n_r-n_l)l$，其中$-Nl\leqslant x\leqslant Nl$。那么醉汉在行走了 N 步之后的均方位移与行走的步数N 之间的关系如何?

醉汉在走了 N 步后的平均位移可以表示为

$$\langle x_N\rangle=\sum_{x=-Nl}^{Nl}xP_N(x)$$

均方位移为

$$\langle x_N^2\rangle=\sum_{x=-Nl}^{Nl}x^2P_N(x)$$

式中，$P_N(x)$ 为距离初始位置为 x 的概率，$\langle\rangle$ 表示对所有可能的 N 步行走过程的平均。如果向左和向右行走的概率一样，即 $p=q=1/2$，那么行走 N

步后的平均位移 $\langle x_N \rangle = 0$。

可以采用蒙特卡罗方法模拟随机游走，并计算行走 N 步之后的均方位移。具体算法如下：

（1）假设 p 和 q 分别为向左、右行走的概率，$q+p=1$；

（2）产生随机数 ξ，若 $0 \leqslant \xi \leqslant p$，则 $x-1$；若 $p < \xi \leqslant 1$，则 $x+1$；

（3）重复（2），只要抽样次数足够多，就能够达到所需的精度；

（4）计算不同步数 N 所对应的均方位移 $\langle x_N^2 \rangle$。

如果把步数 N 看作时间尺度 t，对于一维随机游走（$p=q=1/2$），$\langle x^2 \rangle$ 与 t 满足如下关系

$$\langle x^2 \rangle = 2Dt$$

式中，D 就是扩散常数。

可以看出，随机游走获得了一个近似满足正态分布的随机变量序列，而且每一步行走仅与当前状态相关，与之前的状态无关，因此构成一个马尔可夫链。

4.4.2 自回避随机游走

在随机游走中，不能重复已经经过的任何位置，这样的随机游走通常称为自回避随机游走（self-avoiding random walk）。图 4.3 显示了两种自回避随机游走的构型，已经经过的位置将不能重复。因此，在模拟过程中，需要记录所有已经经过的点。可以看出，一维空间中不存在自回避随机游走。

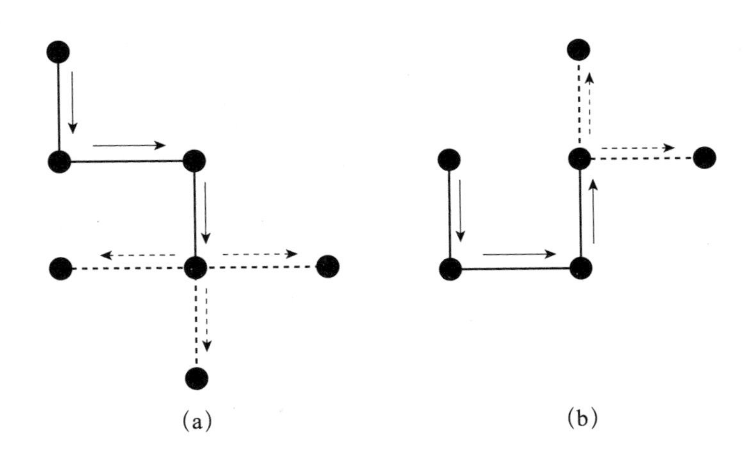

图 4.3 自回避随机游走示意图

说明：（a）和（b）分别显示了两种自回避随机游走的构型。图中黑点代表游走的位置，实线代表已经游走过的路径，虚线代表下一步能够游走的路线。箭头代表游走的方向。

采用蒙特卡罗方法模拟自回避随机游走时，可以从一点开始，随机选择

可走的近邻位置，直到没有可选的近邻位置为止。这种算法有问题吗？有什么问题？事实上，这样的算法并不满足等概率条件，不能使所有可能的自回避随机游走轨迹等概率出现。为了避免出现上述问题，模拟过程中需要从所有可能的游走方向上随机选择下一步，包括已经经过的位置方向。这里需要注意的是，如果遇到了需要回避的点，就放弃整个游走过程，重新开始。这样可以保证产生的自回避随机游走构型的概率是相等的。对于自回避随机游走，均方位移 $\langle r^2 \rangle$ 随步数/时间增长，满足

$$\sqrt{\langle r^2 \rangle} \sim At^v$$

对于二维自回避随机游走，$v=3/4$；而对于三维自回避随机游走，$v=3/5$。

蒙特卡罗方法模拟二维自回避随机游走的算法如下：

（1）初始化一个 $M \times M$ 的二维正方格子，格点坐标为 (x, y)，对于未走过的格点，值为 0；而对于已经走过的格点，值为 1。对于每个格点，有四个方向可以游走，每个方向游走的概率相同，每次游走的步长一致，都是一个相邻格点的距离。

（2）可以以四方格子的中心为起始点，也可以产生两个随机数 ξ_1 和 ξ_2，随机选择一个格点作为游走的起始点。

（3）产生一个随机数 ξ：

若 $0<\xi\leqslant 0.25$，则沿 x 轴正向游走。

若 $0.25<\xi\leqslant 0.5$，则沿 y 轴正向游走。

若 $0.5<\xi\leqslant 0.75$，则沿 x 轴负向游走。

若 $0.75<\xi\leqslant 1.0$，则沿 y 轴负向游走。

如果选择游走的方向所对应的格点未被走过，那么执行本次游走，更新游走的位置，并将该位置的值设为 1。

（4）如果选择游走的方向所对应的格点已经被走过，也就是值已为 1，那么放弃本次游走，返回（3），重新选择游走方向，直到完成 N 步游走为止。

4.4.3　DLA 模型

1981 年，Witten 和 Sander 开创性地提出了一个扩散限制聚集（diffusion-limited aggregation，DLA）模型。该模型最初主要是为了研究悬浮在大气中的煤灰、金属颗粒或烟尘等的扩散凝聚问题，随后被不同学科引入，用来研究和理解各种与生长和凝聚相关的物理过程及微观机理。该模型的具体过程如下。

（1）设置晶格基底形状和尺寸，通常采用二维正方形格子。选择格子的

中心为原点，并放置一个初始粒子。以该粒子为中心、r 为半径画一个圆，根据所要模拟的问题选择合适的半径 r。

（2）在圆内随机选择一个格点，如果该格点未被占据，则在该格点上产生一个粒子，并令其在基底格子上随机游走，沿上下左右各方向的游走概率相同，直到该粒子与基底上已有的粒子相接触。若该粒子游走到圆的边界或离开此圆，则令其消失。

（3）重复步骤（2）。

以上过程进行到一定程度时，可以发现在二维基底上形成了分形构型，如图 4.4 所示。

图 4.4　DLA 模型在二维基底上形成的分形构型，包含 10 000 个原子的随机游走

DLA 模型深化了人们对非平衡生长现象的认识，广泛应用于研究时间依赖的生长、扩散、输运、吸附等物理和化学过程。同时，DLA 模型也不断地被推广和发展。例如，在真实的生长过程中，粒子不断沉积到基底表面，在表面上同时有多个粒子在随机游走。在游走过程中，可能会产生新的聚集中心，这就导致在基底表面会形成多个集团构型。此外，粒子与其他粒子接触之后可能不会立即稳定下来，而是有一定概率离开或者沿所形成的集团的边界游走。当衬底上形成了集团构型，新的粒子可能沉积在集团之上，这样逐渐在衬底上形成三维集团构型。这些推广和扩展为理解真实系统的生长、扩散等提供了坚实的理论基础。4.5 节将要介绍的动力学蒙特卡罗方法是模拟这类问题的强有力的工具。

4.4.4　Metropolis 算法

1953 年，Metropolis 等研究了由具有相互作用分子组成的物质系统的性质。在利用蒙特卡罗方法计算高维积分时，提出了一种新的相空间的采样算法，后来被普遍称为 Metropolis 算法。简单来说，就是通过采用转移概率从前一个状态产生新的状态，利用细致平衡条件得到目标概率分布。因此，Metropolis 算法是一种根据玻尔兹曼分布生成系统状态的马尔可夫链蒙特卡罗方法。之后，Hastings 改进了该算法，提高了采样率，能够模拟随机变量序列，更精确地模拟了期望分布为平稳分布的马尔可夫链，特别是在许多随机变量的分布无法直接模拟的情况下。改进后的算法称为 Metropolis-Hastings 算法，该算法已经被广泛应用于物理系统的蒙特卡罗模拟。

具体来说，对于一个系统，随时间演化的行为可以用以下方程描述，即

$$\frac{\partial P_n(t)}{\partial t}=-\left[\sum_{n\neq m}P_n(t)\pi(n\rightarrow m)-P_m(t)\pi(m\rightarrow n)\right]\tag{4.15}$$

式中，$P_n(t)$ 是系统在 t 时刻处于状态 n 的概率，$\pi(n\rightarrow m)$ 代表了系统从状态 n 到状态 m 的转移概率。当系统达到平衡时，系统处于状态 n 的概率不依赖于时间，也就是

$$\frac{\partial P_n(t)}{\partial t}=0\tag{4.16}$$

因此，式（4.15）的右边两项相等，即

$$P_n(t)\pi(n\rightarrow m)=P_m(t)\pi(m\rightarrow n)\tag{4.17}$$

这就是所谓的细致平衡。

对于一个经典系统，系统在 t 时刻处于状态 n 的概率可以表示为

$$P_n(t)=\frac{1}{Z}\exp(-E_n/(k_BT))\tag{4.18}$$

式中，Z 即归一化因子，也就是配分函数；E_n 为系统在状态 n 的能量；k_B 为玻尔兹曼常数；T 就是温度。通常情况下很难得到配分函数的信息。但是，通过构造系统状态的马尔可夫链，也就是从前一个状态直接产生新的状态，可以不用得到配分函数的信息。例如，从状态 n 到状态 m，相对概率即是两个状态的概率之比，这样配分函数就被抵消掉，而且相对概率只取决于两个状态的能量差，即

$$\Delta E=E_m-E_n\tag{4.19}$$

因此，由细致平衡可以得到转移概率的比值，即

$$\begin{aligned}\frac{\pi(n\rightarrow m)}{\pi(m\rightarrow n)}&=\frac{P_m(t)}{P_n(t)}=\exp[-(E_m-E_n)/(k_BT)]\\&=\exp(-\Delta E/(k_BT))\end{aligned}\tag{4.20}$$

这样，Metropolis 算法通过构造一个满足细致平衡条件的马尔可夫链的

演化过程，产生了一个状态系列。

可以看出，Metropolis 算法通过分析两个状态的能量差来决定是接受还是拒绝状态 m。如果 $\Delta E<0$，则接受系统从状态 n 转变到状态 m。如果 $\Delta E>0$，此时产生一个区间 [0，1] 内的随机数 ξ，若该随机数满足 $\xi<\exp(-\Delta E/(k_B T))$，则仍然使系统从状态 n 转变到状态 m，否则选择新的状态，重复以上操作。

4.4.5 Ising 模型

Ising 模型是描述磁相变的一种最简单的模型，但其用途广泛，被称为一大类相变现象的代表，并被广泛应用于结构演化、合金扩散、量子相变以及物理学的很多领域。

假设系统有 N 个自旋，处于晶格的每个格点，每个自旋只能取向上或向下两种状态。这样的自旋系统称为 Ising 模型，如图 4.5 所示。为了简单起见，通常假设只有近邻的自旋有相互作用，系统的哈密顿量为

$$H=-J\sum_{\langle i,j\rangle}\sigma_i\sigma_j-B\sum_i\sigma_i$$

式中，σ_i 为格点 i 的自旋，取值为 1 或 −1；$\langle i,j\rangle$ 代表格点 i 和 j 为近邻；J 为相互作用强度。$J>0$，代表铁磁系统，反之，代表反铁磁系统。

图 4.5 二维 Ising 模型示意图

早在 1920 年，德国物理学家 Wilhelm Lenz 为解释铁磁相变，提出了一个包含小箭头的网格简单模型。1924 年 Lenz 的学生 Ernst Ising 证明，当空间维数为 1 时，模型没有相变。之后，众多学者对二维 Ising 模型进行研究，

并发展了平均场理论。1944 年，美国物理学家 Lars Onsager 发表了二维 Ising模型的严格解。然而，精确求解三维 Ising 模型仍是困扰物理学家的一个未解难题。

蒙特卡罗方法是模拟 Ising 模型的强有力工具。下面以正方形格子为例，给出蒙特卡罗模拟的算法：

（1）设置正方形格子的大小为 $L\times L$，系统温度为 T。

（2）初始化所有格点上的自旋状态，如可以设所有自旋 $\sigma_i=1$，$i=1$，2，…，L^2。

（3）随机选取一个或多个自旋，将其反转，并计算选择的自旋反转所需的能量 ΔE。这里只需考虑最近邻自旋之间的相互作用。

（4）如果 $\Delta E<0$，则反转所选择的自旋。

（5）如果 $\Delta E>0$，则产生一个在区间 [0，1] 内的随机数 ξ，若该随机数满足 $\xi<\exp(-\Delta E/(k_B T))$，则反转所选择的自旋，否则保持原来自旋状态不变。

（6）重复以上（3）～（5）的操作。

在以上模拟过程中，需要注意的是，体系边界处的自旋的近邻需要考虑周期性边界条件。

图 4.6 展示了在 10×10 正方形格子上，Ising 模型在不同温度下的磁化强度随模拟次数的演化。可以看到，在温度很高时，如 $T=4.0$，磁化强度在 0 附近振荡，振荡幅度在 −0.4～0.4 之间。当温度降到 $T=3.0$ 时，仍然在 0 附近振荡，但是振荡幅度急剧增大，表明瞬时磁化强度可以达到 0.8 左右。当温度降至 $T=2.5$ 时，振荡幅度进一步增大，但是振荡频率降低。当温度 $T=2.0$ 时，磁化强度在 1 附近振荡，表明体系已经进入铁磁态。

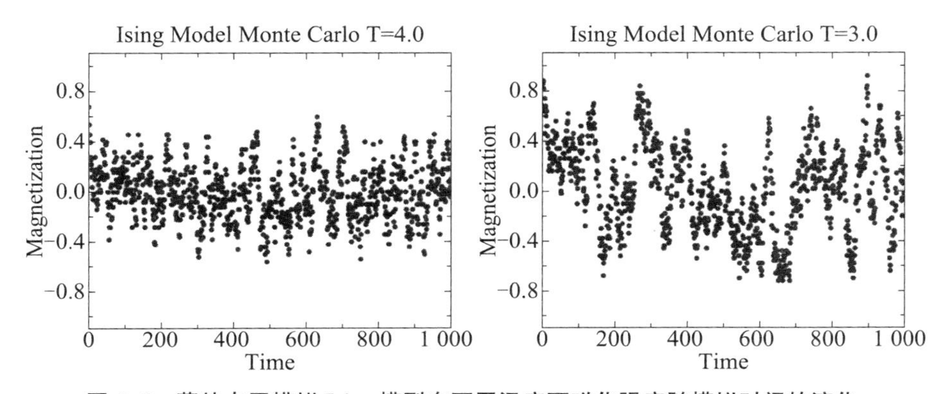

图 4.6　蒙特卡罗模拟 Ising 模型在不同温度下磁化强度随模拟时间的演化

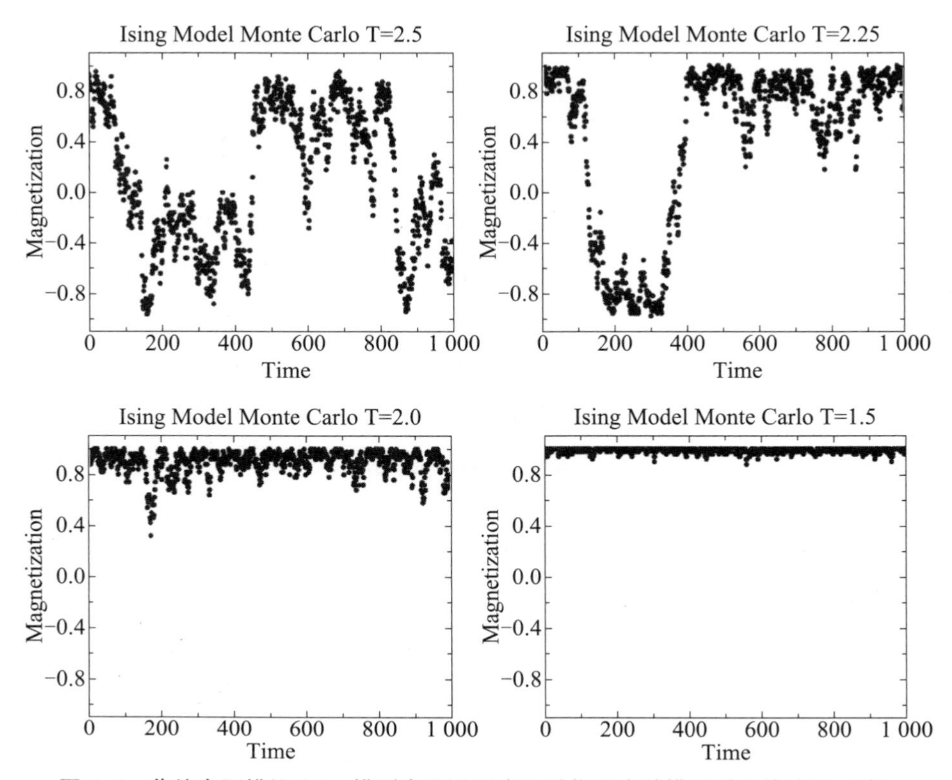

图 4.6　蒙特卡罗模拟 Ising 模型在不同温度下磁化强度随模拟时间的演化（续）

图 4.7 展示了该体系的能量和磁化强度随温度的演化行为。随着温度的降低，体系能量降低，而磁化强度由 0 转变为 1。转变温度大约在 $T=2.5$。在转变温度附近，磁化强度表现出较大的涨落。

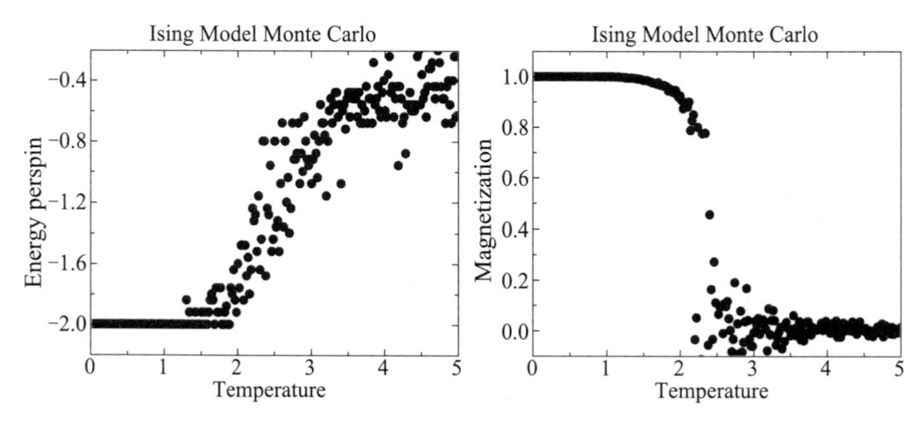

图 4.7　蒙特卡罗模拟 Ising 模型能量（左）和磁化强度（右）随温度的演化

说明：以上结果是 1 000 次的平均。

4.5　动力学蒙特卡罗方法

4.5.1　动力学蒙特卡罗方法的特点

在 Metropolis 算法中，当系统接近或者处于平衡态时，产生新的构型或者状态的概率变得非常小。为了提高模拟效率，Bortz，Kalos 和 Liebowitz 于 1975 年提出 N-fold way 算法来模拟二维 Ising 模型。简单来说，在二维正方形格子上，根据每个自旋及其近邻自旋的取向，所有自旋可以分为 10 类构型，每一类都可以计算出确定的反转率，如表 4.1 所示。这样就可以统计出某一个状态下每一类自旋的个数，从而得到一个自旋反转的事件列表，其总的反转率可以表示为

$$R = \sum_{i=1}^{N} n_i k_i$$

式中，n_i 和 k_i 分别表示第 i 类自旋的个数及相应的反转率，N 代表自旋构型数。

表 4.1　二维 Ising 模型在正方格子上自旋及其四个近邻自旋的所有可能构型以及相应的中心自旋的反转率

构型	中心自旋	4 个近邻自旋状态	中心自旋的反转率
1	↑	↑↑↑↑	$k_1 = k_0 \exp\left(-\frac{4J}{k_B T}\right)$
2	↑	↓↑↑↑，↑↓↑↑，↑↑↓↑，↑↑↑↓	$k_2 = k_0 \exp\left(-\frac{2J}{k_B T}\right)$
3	↑	↓↓↑↑，↑↓↓↑，↑↑↓↓ ↓↑↑↓，↑↓↑↓，↓↑↓↑	$k_3 = k_0 \exp\left(-\frac{0J}{k_B T}\right)$
4	↑	↓↓↓↑，↓↓↑↓，↓↑↓↓，↑↓↓↓	$k_4 = k_0 \exp\left(\frac{2J}{k_B T}\right)$
5	↑	↓↓↓↓	$k_5 = k_0 \exp\left(\frac{4J}{k_B T}\right)$
6	↓	↑↑↑↑	$k_6 = k_0 \exp\left(\frac{4J}{k_B T}\right)$
7	↓	↓↑↑↑，↑↓↑↑，↑↑↓↑，↑↑↑↓	$k_7 = k_0 \exp\left(\frac{2J}{k_B T}\right)$

续表

构型	中心自旋	4个近邻自旋状态	中心自旋的反转率
8	↓	↓↓↑↑，↑↓↓↑，↑↑↓↓ ↓↑↑↓，↑↓↑↓，↓↑↓↑	$k_8=k_0\exp\left(-\frac{0J}{k_BT}\right)$
9	↓	↓↓↓↑，↓↓↑↓，↓↑↓↓，↑↓↓↓	$k_9=k_0\exp\left(-\frac{2J}{k_BT}\right)$
10	↓	↓↓↓↓	$k_{10}=k_0\exp\left(-\frac{4J}{k_BT}\right)$

说明：表中k_i（$i=1$，2，3，…，10）为第i类构型的自旋反转率，k_0为尝试频率。$J>0$，代表铁磁系统近邻自旋间的相互作用强度。

每一类自旋构型在列表中所占的大小取决于这一类自旋的个数及其反转率。如果产生一个在区间［0，R］内均匀分布的随机数ξ，就可以选择出某一类自旋，然后根据这一类中所有自旋的排序，确定随机数所选择的自旋，并将该自旋反转。与Metropolis算法不同的是，在N-fold way算法中，每一次选择都会被接受，从而提高了产生新的状态的效率。

与Metropolis算法相比，N-fold way算法的另一个优势是能够给出系统演化的时间尺度。根据某一个状态下总的反转率R，本次自旋反转所对应的时间尺度可以表示为$\Delta t=R^{-1}$。由于每一个状态下总的反转率都不尽相同，因此每一步所对应的时间尺度也不尽相同。但是，时间尺度Δt应满足泊松分布，因此可以表示为

$$\Delta t = R^{-1}\ln\xi$$

式中，ξ是区间［0，1］内的随机数。

对于传统的蒙特卡罗方法，一旦系统达到平衡态，时间尺度就没有明确的物理意义，因此也没有必要确定每一步所对应的物理时间尺度。但是，对于一个处于非平衡态的系统，系统的演化以及动力学过程需要考虑相应的时间尺度，而基于N-fold way算法的蒙特卡罗模拟方法能够在蒙特卡罗模拟的时间尺度与真实的时间尺度之间建立联系。因此，基于N-fold way算法发展起来的蒙特卡罗模拟方法不仅能够模拟处于平衡态的系统，还能够模拟远离平衡态的系统的动力学过程。20世纪90年代，该算法广泛应用于研究晶体和薄膜生长、表面扩散和吸附、催化等众多领域。基于该算法的蒙特卡罗模拟方法也被统称为动力学蒙特卡罗方法（kinetic Monte Carlo）。

可以看出，动力学蒙特卡罗模拟需要分析系统中所有可能的动力学过程，从而构建完整的事件列表。而传统蒙特卡罗模拟并没有这个要求。因此，传统蒙特卡罗模拟可以用来研究具有复杂构型空间的问题，而动力学蒙特卡罗

模拟在这方面则很受限制。另外，动力学蒙特卡罗能够给出模拟所对应的物理时间，从而可与真实实验相对比，这是传统蒙特卡罗模拟无法做到的。

4.5.2　动力学蒙特卡罗方法的算法

N-fold way 算法是动力学蒙特卡罗模拟中最常用的一种算法，也称为直接法。由于模拟过程不需要拒绝新的尝试，因此模拟效率很高。具体算法总结如下：

（1）根据所模拟体系的当前状态，列出所有可能的动力学过程 N，并给出每一个动力学过程发生所对应的转变速率 k_i（$i=1$，2，3，…，N）。

（2）计算体系当前状态下的总的转变速率 $k_{tot}=\sum_{i=1}^{N}k_i$。

（3）产生在区间［0，1］内均匀分布的随机数 ρ_1 和 ρ_2。

（4）判断所要发生的动力学过程。如果 ρ_1 满足不等式

$$\sum_{i=1}^{q-1}k_i \leqslant \rho_1 k_{tot} \leqslant \sum_{i=1}^{q}k_i$$

令 q 所对应的过程发生。

（5）更新模拟时间，即用 $t-\ln\rho_2/k_{tot}$ 代替 t。

（6）重复以上步骤。

从以上的算法可以看出，动力学蒙特卡罗方法的关键是列出所有可能的动力学过程，并给出相应的转变速率。因此，精确计算转变速率是构建动力学蒙特卡罗模型的前提和基础。一般来说，转变速率常用的计算方法是过渡态理论（transition state theory，TST）。该理论由 Eyring 于 1935 年提出。该理论认为，系统的演化是从势能面上的某个极小点过渡到另一个极小点。在此过程中，需要克服一定的势垒越过两个极小点之间的鞍点。因此，过渡态理论能够给出系统演化的动力学路径及转变速率。对于相对简单的动力学过程，过渡态理论能够给出精确的转变路径及速率，帮助构建合理的动力学蒙特卡罗模型。如果系统的演化涉及复杂的动力学过程，给出精确的转变路径及速率就变得很困难，这也是动力学蒙特卡罗模拟在研究具有复杂构型的空间时受到很大限制的原因之一。

4.5.3　表面生长的动力学蒙特卡罗模型

在表面薄膜生长中，原子扩散是极为重要的动力学过程，各种不同的扩

散过程及其之间的相互作用共同决定了薄膜的性质和质量。图 4.8 显示了在薄膜生长过程中，沉积在衬底上的原子的几种较为重要的扩散行为。在薄膜生长中，原子首先沉积在衬底上，单个原子会在衬底上自由扩散。当扩散原子与另一个扩散原子相遇时，会发生所谓的形核。这两个原子也有一定的概率发生解离，重新成为扩散原子。如果在二者发生解离之前有更多扩散原子加入，在衬底上就会形成较大尺寸的团簇。随着沉积的进行，更多原子聚集到该团簇周围，形成薄膜。聚集在团簇周围的原子还可以沿着团簇的周围扩散，也可能脱离团簇。在真实的薄膜生长中，衬底上的原子还有很多其他的扩散行为，比如在团簇周围的原子绕过团簇角的扩散、沉积在团簇表面的原子跨越台阶扩散到衬底表面等扩散。

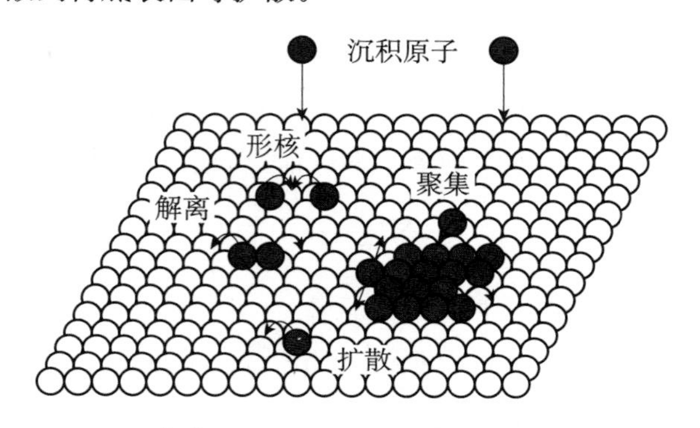

图 4.8　薄膜生长的动力学蒙特卡罗模型的示意图

说明：空心球代表衬底原子，实心球代表所生长的薄膜原子。除了原子沉积过程外，这里还显示了薄膜生长中的几种具有代表性的原子扩散过程，如台阶扩散、形核、解离、聚集、边缘扩散等。

如果知道这些原子扩散所需要克服的能量势垒，就可以计算出相应的跃迁几率，通常表示为

$$D = D_0 \exp\left[-\frac{E_b}{k_B T}\right]$$

式中，D_0 为尝试频率，通常约为$10^{12}/\mathrm{s}$；E_b 为能量势垒；k_B 为玻尔兹曼常数；T 为温度。

在薄膜生长中，沉积也是其中一个过程。原子沉积及其表面扩散相互竞争，决定了表面的形貌和特征，因此沉积速率的大小对调控薄膜的生长起非常关键的作用。图 4.9 展示了动力学蒙特卡罗模拟得到的不同温度下 Ag 在 Ag（111）表面的生长形貌。在相同的沉积速率下，改变温度可以改变各种表面原子扩散的概率，从而调控生长过程中的表面形貌。

图 4.9　采用动力学蒙特卡罗方法，模拟在温度 120K（左）、150K（中）和 180K（右）下 Ag 在 Ag（111）表面生长的形貌

说明：沉积速率为 3.55×10^{-3} 单层/秒，表面大小为 250×250 个格点，覆盖度为 0.5 单层。

4.5.4　动力学蒙特卡罗方法与分子动力学方法

可以看出，动力学蒙特卡罗方法和分子动力学方法都能够模拟系统演化的动力学过程。分子动力学方法在模拟系统演化时具有得天独厚的优势。通过求解多粒子系统的牛顿方程，分子动力学方法能够给出精确的粒子运动轨迹，包括粒子在皮秒量级的振动行为，从而得到系统的微观和宏观性质。然而，这是优势，同时也是劣势。由于分子动力学模拟的时间步长一般在飞秒量级，即 10^{-15}s，这使得在现有的计算条件下，分子动力学模拟所能达到的时间尺度为纳秒量级，最多达 1～10 微秒。而很多物理、化学、生物等问题的时间尺度远远超出了分子动力学方法的时间尺度，例如弛豫、老化、表面生长、晶界位错的演化等。因此，模拟时间尺度极大地限制了分子动力学方法在涉及长时间尺度问题上的应用。对于这些较长时间尺度的问题，动力学蒙特卡罗方法更具优势。

如果将系统演化看作在势能面上局域极小之间的跃迁，那么分子动力学模拟中包含两个时间尺度的运动：一个是飞秒量级的振动，另一个是局域极小之间的跃迁。后者才是决定系统演化的关键。当系统处于平衡态时，绝大部分时间都在某个局域极小处做振动，偶尔会发生跃迁。因此，在分子动力学模拟中，势阱中的振动消耗了大量的计算时间。如果能够忽略与系统状态演化无关的振动过程，直接模拟系统从一个状态到另一个状态的转变或跃迁，也就是系统演化的动力学路径及转变速率，就能够极大地提高模拟的时间尺度，从而能够研究更长时间尺度的系统演化。动力学蒙特卡罗方法恰恰忽略了系统在势阱中的振动过程，直接关注系统演化的动力学路径及转变速率。基于此，动力学蒙特卡罗方法模拟的时间尺度能够接近真实的实验时间，一般可达到几百乃至上千秒。需要指出的是，通常系统状态间的演化会间隔很长时间，连续两次的状态演化是相互独立、无记忆的，因此该过程是一种典型的马尔可夫过程，即系统状态之间的演化只与跃迁速率有关。

习题

1. 利用蒙特卡罗方法模拟掷骰子时各面出现的概率。

2. 采用蒙特卡罗方法模拟一维随机游走并计算均方位移。

3. 如果在 DLA 模型中引入粘附概率，模拟其为 0.6 的情况。

4. 用蒙特卡罗方法模拟 Ising 模型。设在 20×20 的正方形格子的自旋系统中，自旋间的相互作用强度 $J=1$ 作为能量单位，外磁场为 0。

(1) 分别给出温度 $T=1.5$、2.0、2.25、3.0、4.0 下自发磁化强度随时间的演化行为；

(2) 给出自发磁化强度随温度的演化行为。

第五章

有限元方法

5.1 引　言

有限元方法是数值求解复杂微分方程的一种非常有效的方法，其基于变分原理，将求解微分方程的问题转化成一个泛函求极值的变分问题。与有限差分法用规则网格划分求解域不同，有限元方法采用剖分逼近的离散化方式，将求解域剖分为有限个基本块，称为“单元”（如三角形），然后统一编号并求解。因此，有限元方法在处理具有复杂区域或复杂边界条件下的数学物理问题时更具优势，如飞行器的结构设计、电磁场问题、建筑物的结构受力分析等。有限元方法是传统 Rayleigh-Ritz 变分方法的发展，并融合了差分法的优点，在问题的处理上统一、适应能力强，已广泛应用于科学研究和工程设计领域。

英国科学家 Rayleigh 于 1870 年提出采用假想的试探函数来求解复杂微分方程，后来 Ritz 将其发展为数值近似方法，这些为有限元方法的提出奠定了数学基础。有限元方法的剖分思想可以追溯到 1941 年，加拿大工程师 Hrennikoff 在《应用力学学报》（*Journal of Applied Mechanics*）上发表论文，介绍膜和板模型，并将求解域离散化为一个格栅结构网络。这篇论文被认为是有限元方法诞生的起点。同年，Courant 在美国数学学会上报告了关于用变分法数值求解圆柱体扭转问题的二阶偏微分方程的工作，首次提出了可在定义域内利用三角形分片展开函数来表达其上未知函数的 Rayleigh-Ritz 方法，奠定了有限元方法的数学基础。20 世纪 50 年代，J. H. Argyris，M. J. Turner，R. W. Clough，H. C. Martin 等人提出了用来研究航空、机械、土木工程中实际问题的矩阵刚度法，这就是最早的有限元方法。随后，M. J. Turner，R. W. Clough，H. C. Martin 和 L. J. Topp 等人首次将飞机的机翼离散化为三角形板块的集合来进行平面应力的分析，并取得了成功。1960年，Clough首次将这种方法命名为有限元方法，对该方法进行了准确的概括。1963年，J. F. Besseling，R. J. Melosh和R. E. Jones等人证明了变分原理是有限元方法的数学原理。我国科学家对有限元方法的发展也做出了重要贡献。20世纪60年代，冯康提出基于离散化的变分原理的差分格式来数值求解椭圆型偏微分方程，独立提出了有限元分区域的思想。钱伟长以及胡海昌提出了广义变分原理。此外，加州大学伯克利分校的E. L. Wilson于1958年开发了第一个有限元开源软件，它是一个基于矩形平面应力有限元的自动化程序。

5.2 有限元方法的基础和原理

早期的有限元方法是在变分原理的基础上发展起来的，以变分原理为基础，把求解微分方程的问题转化为一个泛函求极小值的变分问题。变分原理是表达物理基本定律的一种普遍形式，因此有限元方法能够应用于各种物理问题，具有明确的物理意义和理论基础。

5.2.1 泛函和变分

变分原理是有限元方法的理论基础，而泛函分析是变分原理的数学基础。简单来说，泛函就是函数的函数。其定义域是一个函数集，而值域是实数集，泛函就是从函数空间到数域的映射。具体来说，如果对于函数集合V中的任一函数$y(x)$，都有一个ν值与之对应，则称ν为依赖于函数$y(x)$的泛函，记为$\nu=\nu[y(x)]$。最简单的泛函形式为

$$\nu[y(x)]=\int_{x_0}^{x_1}F(x,y,y')\mathrm{d}x \tag{5.1}$$

式中，$F(x,y,y')$为核函数，只包含自变量x、未知函数y及其导数y'。

函数的变分是指泛函$\nu[y(x)]$的变量$y(x)$变为新函数$y_1(x)$，这两个函数的差为函数$y(x)$的变分，表示为

$$\delta y=y(x)-y_1(x)$$

这里$y_1(x)$仍是属于泛函ν定义域内的函数。需要指出的是，这里的δy反映了两个函数的整体差异。

泛函的变分可以定义为

$$\Delta J = J[y+\delta y]-J[y]=\int_{x_0}^{x_1}(F(x,y+\delta y,y'+\delta y')-F(x,y,y'))\mathrm{d}x \tag{5.2}$$

将 $F(x,y+\delta y,y'+\delta y')$ 泰勒展开可得

$$\begin{aligned}F(x,y+\delta y,y'+\delta y') = F(x,y,y') &+ \left[\frac{\partial F}{\partial y}\delta y+\frac{\partial F}{\partial y'}\delta y'\right]\\ &+\frac{1}{2}\left[\frac{\partial^2 F}{\partial y^2}(\delta y)^2+2\frac{\partial^2 F}{\partial y\partial y'}\delta y\delta y'+\frac{\partial^2 F}{\partial y'^2}(\delta y')^2\right]\\ &+\cdots\end{aligned} \tag{5.3}$$

将式（5.3）代入式（5.2）可得

$$\begin{aligned}\Delta J &= \int_{x_0}^{x_1}\left\{\left[\frac{\partial F}{\partial y}\delta y+\frac{\partial F}{\partial y'}\delta y'\right]\right.\\ &\quad\left.+\frac{1}{2}\left[\frac{\partial^2 F}{\partial y^2}(\delta y)^2+2\frac{\partial^2 F}{\partial y\partial y'}\delta y\delta y'+\frac{\partial^2 F}{\partial y'^2}(\delta y')^2\right]+\cdots\right\}\mathrm{d}x\\ &=\int_{x_0}^{x_1}\left(\frac{\partial F}{\partial y}\delta y+\frac{\partial F}{\partial y'}\delta y'\right)\mathrm{d}x\\ &\quad+\frac{1}{2}\int_{x_0}^{x_1}\left[\frac{\partial^2 F}{\partial y^2}(\delta y)^2+2\frac{\partial^2 F}{\partial y\partial y'}\delta y\delta y'+\frac{\partial^2 F}{\partial y'^2}(\delta y')^2\right]\mathrm{d}x+\cdots\end{aligned} \tag{5.4}$$

式（5.4）可以简化为

$$\Delta J = \delta J + \delta^2 J + \cdots \tag{5.5}$$

式中

$$\delta J = \int_{x_0}^{x_1}\left(\frac{\partial F}{\partial y}\delta y+\frac{\partial F}{\partial y'}\delta y'\right)\mathrm{d}x \tag{5.6}$$

$$\delta^2 J = \frac{1}{2}\int_{x_0}^{x_1}\left[\frac{\partial^2 F}{\partial y^2}(\delta y)^2+2\frac{\partial^2 F}{\partial y\partial y'}\delta y\delta y'+\frac{\partial^2 F}{\partial y'^2}(\delta y')^2\right]\mathrm{d}x \tag{5.7}$$

式（5.6）和式（5.7）分别是泛函 J 的一阶和二阶变分。

5.2.2　变分原理

求泛函的极值问题称为变分问题，相应的方法称为变分法或变分原理。泛函 $J[y(x)]$ 取极值的必要条件是 $\delta J=0$，即

$$\delta J = \int_{x_0}^{x_1}\left(\frac{\partial F}{\partial y}\delta y+\frac{\partial F}{\partial y'}\delta y'\right)\mathrm{d}x = 0 \tag{5.8}$$

利用分部积分，式（5.8）可变换为

$$\begin{aligned}\delta J &= \int_{x_0}^{x_1}\left(\frac{\partial F}{\partial y}\delta y\right)\mathrm{d}x - \int_{x_0}^{x_1}\frac{\mathrm{d}}{\mathrm{d}x}\left(\frac{\partial F}{\partial y'}\right)\delta y\,\mathrm{d}x + \frac{\partial F}{\partial y'}\delta y\bigg|_{x_0}^{x_1} \\ &= \int_{x_0}^{x_1}\left[\frac{\partial F}{\partial y} - \frac{\mathrm{d}}{\mathrm{d}x}\left(\frac{\partial F}{\partial y'}\right)\right]\delta y\,\mathrm{d}x + \frac{\partial F}{\partial y'}\delta y\bigg|_{x_0}^{x_1} = 0 \end{aligned} \tag{5.9}$$

式（5.9）中的第二项是边界条件项，在给定边界条件的情况下，在两边界有确定的值，此时有 $\delta y(x_0)=0$ 和 $\delta y(x_1)=0$，即第二项为 0。因此，式（5.9）可简化为

$$\frac{\partial F}{\partial y} - \frac{\mathrm{d}}{\mathrm{d}x}\left(\frac{\partial F}{\partial y'}\right) = 0 \tag{5.10}$$

该方程称为欧拉-拉格朗日方程。这样就将泛函极值的变分问题转化为微分方程的边值问题。上面的边界条件称为基本边界条件。如果没有给定基本边界条件，那么边界处的 δy 不一定为 0。如果要求 $\delta J=0$，则边界处须满足 $\frac{\partial F}{\partial y'}=0$。

对于含 n 阶导数的泛函

$$\int_{x_0}^{x_1} F(x, y, y', \cdots, y^{(n)})\,\mathrm{d}x$$

其泛函极值的欧拉方程为

$$\frac{\partial F}{\partial y} - \frac{\mathrm{d}}{\mathrm{d}x}\left(\frac{\partial F}{\partial y'}\right) + \frac{\mathrm{d}^2}{\mathrm{d}x^2}\left(\frac{\partial F}{\partial y''}\right) + \cdots + (-1)^n\frac{\mathrm{d}^n}{\mathrm{d}x^n}\left(\frac{\partial F}{\partial y^{(n)}}\right) = 0 \tag{5.11}$$

这是函数 $y(x)$ 的 $2n$ 阶微分方程，通解包含 $2n$ 个未知常数，由 $2n$ 个边界条件确定。

对于一个包含 N 个质点的经典力学系统，在某时刻的广义坐标为 q_i（$i=1, 2, \cdots, N$），拉格朗日函数定义为

$$\mathcal{L} = T - U = \mathcal{L} = \mathcal{L}(\{q_i\}, \{\dot{q}_i\}, t)$$

式中，T 和 U 分别为系统的动能和势能。该系统的拉格朗日方程为

$$\frac{\mathrm{d}}{\mathrm{d}t}\left(\frac{\partial \mathcal{L}}{\partial \dot{q}_i}\right) - \frac{\partial \mathcal{L}}{\partial q_i} = 0 \tag{5.12}$$

这是变分原理在力学中的应用，也就是哈密顿原理，它给出了系统运动的真实轨迹。

5.3 变分有限元方法

5.3.1 基本思想及步骤

许多物理和力学问题既可以转化为微分方程的边值问题，也可以转化为

某个物理量求极值的变分问题，而变分原理表明二者是等价的。对于微分方程的边值问题，有限元方法首先构造合适的泛函形式，将微分方程的边值问题转化为变分问题，然后数值求解泛函的极值，得到微分方程边值问题的近似解。因此，有限元方法首先要对所求解的问题构造相应的泛函。

接下来需要解决的是泛函求极值的问题。Rayleigh-Ritz 方法是一种直接求解泛函极值的近似方法。它以变分原理为基础，采用一个试探函数，根据泛函极值方程确定试探函数中的待定参数，从而得到近似解。

剖分逼近是有限元离散化的手段。采用特殊的结构单元将求解域剖分为有限个单元域，然后在每个单元内通过 Rayleigh-Ritz 方法计算相应的函数，通过单元上的插值逼近，得到一个结构简单的函数集，进而整合得到整个求解域的解。这里的离散单元一般采用具有规则形状的几何结构，如三角形、四面体等。

因此，有限元方法保持了 Rayleigh-Ritz 方法从变分原理出发的优点，具有较高的概括性，保证了计算效率和精度。另外，有限元方法吸收了差分法剖分逼近的优点，能灵活适应各种几何形状和间断介质等复杂情况。有限元方法除了解题效能高之外，还有牢靠的理论基础，是计算数学理论的一大成就。

有限元方法包括以下几个主要步骤：

（1）将微分方程的边值问题转化为求极值的变分问题，也就是推导出与微分方程等价的泛函形式；

（2）对求解区域进行离散化，也就是针对不同维度的问题，采用相应的单元将求解区域剖分为有限个单元，然后对所有单元和节点编号；

（3）利用公式计算出各个三角形元素的系数矩阵。

下面以二阶常微分方程的边值问题为例来展示变分有限元方法的具体过程。

5.3.2　二阶常微分方程边值问题的有限元解法

这里考虑如下二阶常微分方程

$$\begin{cases} -\dfrac{\mathrm{d}}{\mathrm{d}x}(p(x)y'(x))+q(x)y(x)=f(x), \quad a<x<b \\ y(a)=y_a, \quad y(b)=y_b \end{cases} \tag{5.13}$$

首先需要推导出该方程的泛函形式。

根据变分原理，式（5.13）的变分形式可以表示为

$$\delta J=\int_a^b\left[-\frac{\mathrm{d}}{\mathrm{d}x}(p(x)y'(x))+q(x)y(x)-f(x)\right]\delta y\mathrm{d}x+\frac{\partial y}{\partial x}\delta y\bigg|_a^b \tag{5.14}$$

式（5.14）中的第一项是微分方程。对其采用分部积分，可得

$$\begin{aligned}\int_a^b\left[-\frac{\mathrm{d}}{\mathrm{d}x}(p(x)y'(x))\right]\delta y\mathrm{d}x&=-p(x)\frac{\mathrm{d}y}{\mathrm{d}x}\delta y\bigg|_a^b+\int_a^b p(x)\frac{\mathrm{d}y}{\mathrm{d}x}\delta\left(\frac{\mathrm{d}y}{\mathrm{d}x}\right)\mathrm{d}x\\&=\delta\int_a^b\frac{1}{2}p(x)\left(\frac{\mathrm{d}y}{\mathrm{d}x}\right)^2\mathrm{d}x\end{aligned} \tag{5.15}$$

将式（5.15）代入式（5.14），可得

$$\begin{aligned}\delta J&=\int_a^b\left[-\frac{\mathrm{d}}{\mathrm{d}x}(p(x)y'(x))+q(x)y(x)-f(x)\right]\delta y\mathrm{d}x\\&=\delta\int_a^b\left[\frac{1}{2}p(x)\left(\frac{\mathrm{d}y}{\mathrm{d}x}\right)^2+\frac{1}{2}q(x)y^2(x)-f(x)y(x)\right]\mathrm{d}x\end{aligned} \tag{5.16}$$

这样就得到了二阶微分方程的泛函为

$$J[y(x)]=\int_a^b\left[\frac{1}{2}p(x)\left(\frac{\mathrm{d}y}{\mathrm{d}x}\right)^2+\frac{1}{2}q(x)y^2(x)-f(x)y(x)\right]\mathrm{d}x \tag{5.17}$$

下面需要对以上变分问题进行离散化。

将求解区域 $[a, b]$ 划分为 n 个小区间，即 $a=x_0<x_1<\cdots<x_n=b$，小区间 $[x_i, x_{i+1}]$ 记为单元 e_i（$i=1, 2, \cdots, n$），x_i（$i=0, 1, 2, \cdots, n$）称为节点，节点上的值为 $y(x_i)=y_i$。

（1）引进插值函数。假定每个单元上的函数变化是线性的，那么可以用一个分段线性函数来代替区间上的函数分布，即进行线性插值。在有限元方法中，当确定了剖分以后，就要在每个小单元上确定插值的多项式的具体形式，并通过节点函数值把它表示出来以作为单元上的近似函数。单元 e_i 的线性插值函数可以表示为

$$y_{e_i}(x)=y_iN_i(x)+y_{i+1}M_i(x),\quad x_i\leqslant x\leqslant x_{i+1} \tag{5.18}$$

式中

$$N_i=\frac{x_{i+1}-x}{x_{i+1}-x_i} \tag{5.19}$$

$$M_i=\frac{x-x_i}{x_{i+1}-x_i} \tag{5.20}$$

为线性插值基函数，也称为形函数。采用矩阵的形式，线性插值函数可以表示为

$$y_{e_i}(x)=y_iN_i(x)+y_{i+1}M_i(x)=N_{e_i}U_{e_i} \tag{5.21}$$

式中

$$N_{e_i}=(N_i(x),M_i(x))$$

为单元 e_i 的函数矩阵；

$$U_{e_i}=\begin{pmatrix}y_i\\y_{i+1}\end{pmatrix}$$

为单元 e_i 的节点值构成的向量。

式（5.18）对 x 求导可得

$$\frac{\mathrm{d}y}{\mathrm{d}x}=y_i\frac{\mathrm{d}N_i}{\mathrm{d}x}+y_{i+1}\frac{\mathrm{d}M_i}{\mathrm{d}x}=B_{e_i}U_{e_i}\tag{5.22}$$

式中

$$B_{e_i}=\left(\frac{\mathrm{d}N_i}{\mathrm{d}x},\frac{\mathrm{d}M_i}{\mathrm{d}x}\right)$$

（2）将泛函式（5.17）的积分近似表示为各单元的积分之和：

$$J[y(x)]=\sum_i^n J_{e_i}[y_{e_i}(x)]\tag{5.23}$$

式中

$$\begin{aligned}J_{e_i}[y_{e_i}(x)]&=\int_{x_i}^{x_{i+1}}\left[\frac{1}{2}p(x)\left(\frac{\mathrm{d}(N_{e_i}U_{e_i})}{\mathrm{d}x}\right)^2+\frac{1}{2}q(x)(N_{e_i}U_{e_i})^2-f(x)(N_{e_i}U_{e_i})\right]\mathrm{d}x\\&=\frac{1}{2}\int_{x_i}^{x_{i+1}}\left(pU_{e_i}^{\mathrm{T}}\frac{\mathrm{d}N_{e_i}^{\mathrm{T}}}{\mathrm{d}x}\frac{\mathrm{d}N_{e_i}}{\mathrm{d}x}U_{e_i}+qU_{e_i}^{\mathrm{T}}N_{e_i}^{\mathrm{T}}N_{e_i}U_{e_i}-2fU_{e_i}^{\mathrm{T}}N_{e_i}^{\mathrm{T}}\right)\mathrm{d}x\\&=\frac{1}{2}U_{e_i}^{\mathrm{T}}\left[\int_{x_i}^{x_{i+1}}\left(p\frac{\mathrm{d}N_{e_i}^{\mathrm{T}}}{\mathrm{d}x}\frac{\mathrm{d}N_{e_i}}{\mathrm{d}x}+qN_{e_i}^{\mathrm{T}}N_{e_i}\right)\mathrm{d}x\right]U_{e_i}\\&\quad-U_{e_i}^{\mathrm{T}}\left(\int_{x_i}^{x_{i+1}}fN_{e_i}^{\mathrm{T}}\mathrm{d}x\right)\end{aligned}\tag{5.24}$$

设

$$K_{e_i}=\int_{x_i}^{x_{i+1}}\left(p\frac{\mathrm{d}N_{e_i}^{\mathrm{T}}}{\mathrm{d}x}\frac{\mathrm{d}N_{e_i}}{\mathrm{d}x}+qN_{e_i}^{\mathrm{T}}N_{e_i}\right)\mathrm{d}x\tag{5.25}$$

$$F_{e_i}=\int_{x_i}^{x_{i+1}}fN_{e_i}^{\mathrm{T}}\mathrm{d}x\tag{5.26}$$

这里 K_{e_i} 和 F_{e_i} 分别称为单元刚度矩阵和单元载荷向量。这样，单元 e_i 的泛函为

$$J_{e_i}=\frac{1}{2}U_{e_i}^{\mathrm{T}}K_{e_i}U_{e_i}-U_{e_i}^{\mathrm{T}}F_{e_i}\tag{5.27}$$

上面分析了单元 e_i，得到了单元刚度矩阵 K_{e_i}、单元载荷向量 F_{e_i} 以及单元 e_i 的泛函 J_{e_i}。现在需要将求解区域从单元扩展到整个求解区域，也就是需要将单元刚度矩阵和单元载荷向量分别扩展为 $(n+1)\times(n+1)$ 阶矩阵和 $(n+1)$ 维向量，求解区域 $[a, b]$ 内的全部节点值的列向量为

$$U=(y_0,y_1,\cdots,y_n)^{\mathrm{T}} \tag{5.28}$$

单元 e_i 的节点值列向量 $U_{e_i}=(u_i,u_{i+1})^{\mathrm{T}}$ 是 U 的一部分，因此可以利用选择矩阵 C_{e_i}，使得

$$U_{e_i}=C_{e_i}U \tag{5.29}$$

式中，C_{e_i} 是一个 $2\times(n+1)$ 阶矩阵。

基于此，单元 e_i 的泛函式（5.27）可以表示为

$$\begin{aligned}J_{e_i}&=\frac{1}{2}U_{e_i}^{\mathrm{T}}K_{e_i}U_{e_i}-U_{e_i}^{\mathrm{T}}F_{e_i}=\frac{1}{2}U^{\mathrm{T}}(C_{e_i}^{\mathrm{T}}K_{e_i}C_{e_i})U-U^{\mathrm{T}}C_{e_i}^{\mathrm{T}}F_{e_i}\\&=\frac{1}{2}U^{\mathrm{T}}\widetilde{K}_{e_i}U-U^{\mathrm{T}}\widetilde{F}_{e_i}\end{aligned} \tag{5.30}$$

式中

$$\widetilde{K}_{e_i}=C_{e_i}^{\mathrm{T}}K_{e_i}C_{e_i}$$

$$\widetilde{F}_{e_i}=C_{e_i}^{\mathrm{T}}F_{e_i}$$

求解区域 $[a,\ b]$ 上总的泛函为

$$\begin{aligned}J&=\sum_{i=1}^{n}J_{e_i}=\sum_{i=1}^{n}\left(\frac{1}{2}U^{\mathrm{T}}\widetilde{K}_{e_i}U-U^{\mathrm{T}}\widetilde{F}_{e_i}\right)=\frac{1}{2}U^{\mathrm{T}}\Big(\sum_{i=1}^{n}\widetilde{K}_{e_i}\Big)U-U^{\mathrm{T}}\sum_{i=1}^{n}\widetilde{F}_{e_i}\\&=\frac{1}{2}U^{\mathrm{T}}KU-U^{\mathrm{T}}F\end{aligned} \tag{5.31}$$

式中

$$K=\sum_{i=1}^{n}\widetilde{K}_{e_i} \tag{5.32}$$

为总体刚度矩阵，是 $(n+1)\times(n+1)$ 阶方阵；

$$F=\sum_{i=1}^{n}\widetilde{F}_{e_i} \tag{5.33}$$

为总体载荷向量，由 $(n+1)$ 个元素构成。

由泛函 J 的极值条件 $\delta J=0$ 可得

$$\delta J=\delta\left(\frac{1}{2}U^{\mathrm{T}}KU-U^{\mathrm{T}}F\right)=\delta U^{\mathrm{T}}(KU-F)=0 \tag{5.34}$$

$$KU=F \tag{5.35}$$

这样就得到了有限元方程组（5.35），它是一个线性方程组。从该线性方程组出发，结合边界条件，可以求得各个节点的函数值，再利用各单元的差值函数，可以计算出单元内任意一点的函数值。

［例］ 用变分有限元方法求解二阶微分方程

$$\begin{cases}\dfrac{\mathrm{d}^2y}{\mathrm{d}x^2}-y=x, & 0\leqslant x\leqslant 1\\ y(0)=0, & y(1)=1\end{cases}$$

的两点边值问题。

解：根据式（5.17），该方程对应的泛函为

$$J[y(x)]=\int_0^1\left[-\frac{1}{2}\left(\frac{\mathrm{d}y}{\mathrm{d}x}\right)^2-\frac{1}{2}y^2(x)-xy(x)\right]\mathrm{d}x$$

$$=-\frac{1}{2}\int_0^1\left[\left(\frac{\mathrm{d}y}{\mathrm{d}x}\right)^2+y^2(x)\right]\mathrm{d}x$$

简单起见，这里将求解区域［0，1］划分为四个节点、三个相等的单元，四个节点的坐标分别为 $x_1=0$，$x_2=\frac{1}{3}$，$x_3=\frac{2}{3}$，$x_4=1$，如图 5.1 所示。

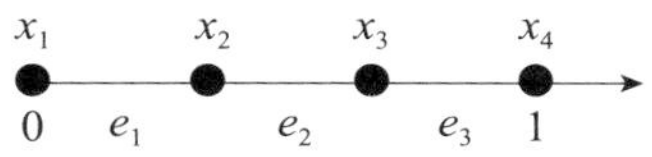

图 5.1　求解区域［0，1］划分为四个节点、三个相等的单元

根据式（5.19）和式（5.20），三个单元的线性插值基函数分别为

$$N_1=\frac{x_2-x}{x_2-x_1}=3(x_2-x)=1-3x$$

$$M_1=\frac{x-x_1}{x_2-x_1}=3(x-x_1)=3x$$

$$N_2=\frac{x_3-x}{x_3-x_2}=3(x_3-x)=2-3x$$

$$M_2=\frac{x-x_2}{x_3-x_2}=3(x-x_2)=3x-1$$

$$N_3=\frac{x_4-x}{x_4-x_3}=3(x_4-x)=3-3x$$

$$M_3=\frac{x-x_3}{x_4-x_3}=3(x-x_3)=3x-2$$

分别求导后得

$$\frac{\mathrm{d}N_1}{\mathrm{d}x}=-3,\ \frac{\mathrm{d}M_1}{\mathrm{d}x}=3$$

$$\frac{\mathrm{d}N_2}{\mathrm{d}x}=-3,\ \frac{\mathrm{d}M_2}{\mathrm{d}x}=3$$

$$\frac{\mathrm{d}N_3}{\mathrm{d}x}=-3,\ \frac{\mathrm{d}M_3}{\mathrm{d}x}=3$$

表示成矩阵形式为

$$N_{e_1}=(N_1(x),\ M_1(x))=(1-3x,3x)$$

$$N_{e_2}=(N_2(x),\ M_2(x))=(2-3x,3x-1)$$

$$N_{e_3}=(N_3(x),\ M_3(x))=(3-3x,3x-2)$$

$$B_{e_1} = (-3,3)$$

$$B_{e_2} = (-3,3)$$

$$B_{e_3} = (-3,3)$$

单元 1 的单元刚度矩阵为

$$\begin{aligned}
K_{e_1} &= -\int_{x_1}^{x_2} \left(\frac{\mathrm{d}N_{e_1}^{\mathrm{T}}}{\mathrm{d}x} \frac{\mathrm{d}N_{e_1}}{\mathrm{d}x} + N_{e_1}^{\mathrm{T}} N_{e_1} \right) \mathrm{d}x \\
&= -\int_0^{\frac{1}{3}} ((-3,3)^{\mathrm{T}}(-3,3) + (1-3x,3x)^{\mathrm{T}}(1-3x,3x))\,\mathrm{d}x \\
&= -\int_0^{\frac{1}{3}} \left[9\begin{pmatrix} 1 & -1 \\ -1 & 1 \end{pmatrix} + \begin{pmatrix} (1-3x)^2 & 3x(1-3x) \\ 3x(1-3x) & 9x^2 \end{pmatrix} \right] \mathrm{d}x \\
&= \begin{pmatrix} -3 & 3 \\ 3 & -3 \end{pmatrix} - \frac{1}{18}\begin{pmatrix} 2 & 1 \\ 1 & 2 \end{pmatrix} = \frac{1}{18}\begin{pmatrix} -56 & 53 \\ 53 & -56 \end{pmatrix}
\end{aligned}$$

单元 2 的单元刚度矩阵为

$$\begin{aligned}
K_{e_2} &= -\int_{x_2}^{x_3} \left(\frac{\mathrm{d}N_{e_2}^{\mathrm{T}}}{\mathrm{d}x} \frac{\mathrm{d}N_{e_2}}{\mathrm{d}x} + N_{e_2}^{\mathrm{T}} N_{e_2} \right) \mathrm{d}x \\
&= -\int_{\frac{1}{3}}^{\frac{2}{3}} ((-3,3)^{\mathrm{T}}(-3,3) + (2-3x,3x-1)^{\mathrm{T}}(2-3x,3x-1))\,\mathrm{d}x \\
&= -\int_{\frac{1}{3}}^{\frac{2}{3}} \left[9\begin{pmatrix} 1 & -1 \\ -1 & 1 \end{pmatrix} + \begin{pmatrix} (2-3x)^2 & (2-3x)(3x-1) \\ (2-3x)(3x-1) & (3x-1)^2 \end{pmatrix} \right] \mathrm{d}x \\
&= \begin{pmatrix} -3 & 3 \\ 3 & -3 \end{pmatrix} - \frac{1}{18}\begin{pmatrix} 2 & 1 \\ 1 & 2 \end{pmatrix} \\
&= \frac{1}{18}\begin{pmatrix} -56 & 53 \\ 53 & -56 \end{pmatrix} = K_{e_1}
\end{aligned}$$

单元 3 的单元刚度矩阵为

$$\begin{aligned}
K_{e_3} &= -\int_{x_3}^{x_4} \left(\frac{\mathrm{d}N_{e_3}^{\mathrm{T}}}{\mathrm{d}x} \frac{\mathrm{d}N_{e_3}}{\mathrm{d}x} + N_{e_3}^{\mathrm{T}} N_{e_3} \right) \mathrm{d}x \\
&= -\int_{\frac{2}{3}}^{1} ((-3,3)^{\mathrm{T}}(-3,3) + (3-3x,3x-2)^{\mathrm{T}}(3-3x,3x-2))\,\mathrm{d}x \\
&= -\int_{\frac{2}{3}}^{1} \left[9\begin{pmatrix} 1 & -1 \\ -1 & 1 \end{pmatrix} + \begin{pmatrix} (3-3x)^2 & (3-3x)(3x-2) \\ (3-3x)(3x-2) & (3x-2)^2 \end{pmatrix} \right] \mathrm{d}x \\
&= \begin{pmatrix} -3 & 3 \\ 3 & -3 \end{pmatrix} - \frac{1}{18}\begin{pmatrix} 2 & 1 \\ 1 & 2 \end{pmatrix} = \frac{1}{18}\begin{pmatrix} -56 & 53 \\ 53 & -56 \end{pmatrix} = K_{e_1} = K_{e_2}
\end{aligned}$$

单元载荷向量分别为

$$F_{e_1}=\int_{x_1}^{x_2} xN_{e_1}^{\mathrm{T}}\mathrm{d}x=\int_0^{\frac{1}{3}} x(1-3x,3x)^{\mathrm{T}}\mathrm{d}x=\frac{1}{54}\begin{pmatrix}1\\2\end{pmatrix}$$

$$F_{e_2}=\int_{x_2}^{x_3} xN_{e_2}^{\mathrm{T}}\mathrm{d}x=\int_{\frac{1}{3}}^{\frac{2}{3}} x(2-3x,3x-1)^{\mathrm{T}}\mathrm{d}x=\frac{1}{54}\begin{pmatrix}4\\5\end{pmatrix}$$

$$F_{e_3}=\int_{x_3}^{x_4} xN_{e_3}^{\mathrm{T}}\mathrm{d}x=\int_{\frac{2}{3}}^{1} x(3-3x,3x-2)^{\mathrm{T}}\mathrm{d}x=\frac{1}{54}\begin{pmatrix}7\\8\end{pmatrix}$$

三个单元的扩展矩阵分别为

$$C_{e_1}=\begin{pmatrix}1&0&0&0\\0&1&0&0\end{pmatrix}$$

$$C_{e_2}=\begin{pmatrix}0&1&0&0\\0&0&1&0\end{pmatrix}$$

$$C_{e_3}=\begin{pmatrix}0&0&1&0\\0&0&0&1\end{pmatrix}$$

因此

$$\widetilde{K}_{e_1}=C_{e_1}^{\mathrm{T}}K_{e_1}C_{e_1}=\frac{1}{18}\begin{pmatrix}-56&56&0&0\\53&-56&0&0\\0&0&0&0\\0&0&0&0\end{pmatrix}$$

$$\widetilde{K}_{e_2}=C_{e_2}^{\mathrm{T}}K_{e_2}C_{e_2}=\frac{1}{18}\begin{pmatrix}0&0&0&0\\0&-56&53&0\\0&53&-56&0\\0&0&0&0\end{pmatrix}$$

$$\widetilde{K}_{e_3}=C_{e_3}^{\mathrm{T}}K_{e_3}C_{e_3}=\frac{1}{18}\begin{pmatrix}0&0&0&0\\0&0&0&0\\0&0&-56&53\\0&0&53&-56\end{pmatrix}$$

$$\widetilde{F}_{e_1}=C_{e_1}^{\mathrm{T}}F_{e_1}=\frac{1}{54}\begin{pmatrix}1\\2\\0\\0\end{pmatrix},\ \widetilde{F}_{e_2}=C_{e_2}^{\mathrm{T}}F_{e_2}=\frac{1}{54}\begin{pmatrix}0\\4\\5\\0\end{pmatrix},\ \widetilde{F}_{e_3}=C_{e_3}^{\mathrm{T}}F_{e_3}=\frac{1}{54}\begin{pmatrix}0\\0\\7\\8\end{pmatrix}$$

总体刚度矩阵为

$$K = \widetilde{K}_{e_1} + \widetilde{K}_{e_2} + \widetilde{K}_{e_3} = \frac{1}{18}\begin{pmatrix} -56 & 53 & 0 & 0 \\ 53 & -112 & 53 & 0 \\ 0 & 53 & -112 & 53 \\ 0 & 0 & 53 & -56 \end{pmatrix}$$

总体载荷向量为

$$F = \widetilde{F}_{e_1} + \widetilde{F}_{e_2} + \widetilde{F}_{e_3} = \frac{1}{54}\begin{pmatrix} 1 \\ 6 \\ 12 \\ 8 \end{pmatrix}$$

总体有限元方程为

$$\frac{1}{18}\begin{pmatrix} -56 & 53 & 0 & 0 \\ 53 & -112 & 53 & 0 \\ 0 & 53 & -112 & 53 \\ 0 & 0 & 53 & -56 \end{pmatrix}\begin{pmatrix} y_1 \\ y_2 \\ y_3 \\ y_4 \end{pmatrix} = \frac{1}{54}\begin{pmatrix} 1 \\ 6 \\ 12 \\ 8 \end{pmatrix}$$

由于$y_1 = y(0) = 0$，$y_4 = y(1) = 1$，边值固定，根据约束条件，去掉y_1、y_4对应的行与列，则

$$\frac{1}{18}\begin{pmatrix} -112 & 53 \\ 53 & -112 \end{pmatrix}\begin{pmatrix} y_2 \\ y_3 \end{pmatrix} = \frac{1}{54}\begin{pmatrix} 6 \\ 12 \end{pmatrix}$$

解得

$$y_2 = -\frac{436}{9\,735} \approx -0.044\,8, \quad y_3 = -\frac{554}{9\,735} \approx -0.056\,9$$

有限元方程的解为

$$\begin{pmatrix} y_1 \\ y_2 \\ y_3 \\ y_4 \end{pmatrix} = \begin{pmatrix} 0 \\ -0.044\,8 \\ -0.056\,9 \\ 1 \end{pmatrix}$$

5.3.3 有限元方法与有限差分法的异同

两种方法处理问题的思路不同。有限差分法需要列出所要研究问题的微分方程及定解条件，然后通过规则网格划分将微分方程的求解离散化，得到差分方程组，再进行数值求解。有限元方法是基于变分原理，将所要求解的

微分方程转化为对泛函求极值的变分问题，然后将求解区域划分为有限个单元的离散化方法，通过构造单元的插值函数，将变分方程问题离散化为线性方程组，再进行数值求解。

两种方法对区域的离散化方式也大不相同。有限差分法通常采用矩形网格区域划分，如果所求解区域不规则，有限差分法就很难实现网格格点与边界的良好逼近，这时需要对边界采用一些近似方法来处理。而有限元方法一般采用三角形划分，这样的划分方式能够实现对节点在区域内的任意配置，并且配置方式可以根据边界条件的情况进行选择和优化，灵活方便。对于求解区域具有复杂边界形状的问题，有限元方法也可以选择单元节点完全处在求解区域的边界上，从而可以使单元划分很好地逼近边界。

与有限差分法相比，有限元方法的适用范围小很多。对大多数微分方程都可以采用有限差分法进行数值求解，尤其是对于有规则求解区域的问题。对于有限元方法，应用比较广的是对椭圆型偏微分方程的数值求解，而很少用于求解双曲型偏微分方程。

5.4　偏微分方程边值问题的有限元解法

考虑二维泊松方程的边值问题

$$\begin{cases} -\Delta u = f(x,y), & (x,y)\in\Omega \\ u|_{\Gamma} = u_0(x,y) \end{cases} \tag{5.36}$$

式中，Γ 表示求解区域 Ω 的边界。

1. 泛函的构造

因为 $-\Delta$ 是对称正定算子，算子方程 $L(u)=f$ 存在解 $u=u_0$，故 u_0 所满足的充分必要条件是泛函

$$J[u]=\frac{1}{2}\int_{\Omega} uL(u)\mathrm{d}\Omega-\int_{\Omega} uf\mathrm{d}\Omega \tag{5.37}$$

在 $u=u_0$ 处取极小值。因此，式（5.36）的泛函为

$$J[u]=\frac{1}{2}\iint_{\Omega}\left[\left(\frac{\partial u}{\partial x}\right)^2+\left(\frac{\partial u}{\partial y}\right)^2\right]\mathrm{d}x\mathrm{d}y-\iint_{\Omega} uf\mathrm{d}x\mathrm{d}y \tag{5.38}$$

2. 区域剖分

接下来需要对求解区域进行单元离散化。对于一维问题，区域剖分的单元是一个区间，不同的剖分只是区间长度不同。而对于多维问题，不同

剖分的单元的形状不同。例如，对于二维问题，可以采用三角形、四边形等作为单元。简单起见，这里只讨论单元为三角形的情况，称为三角形剖分，如图 5.2 所示。

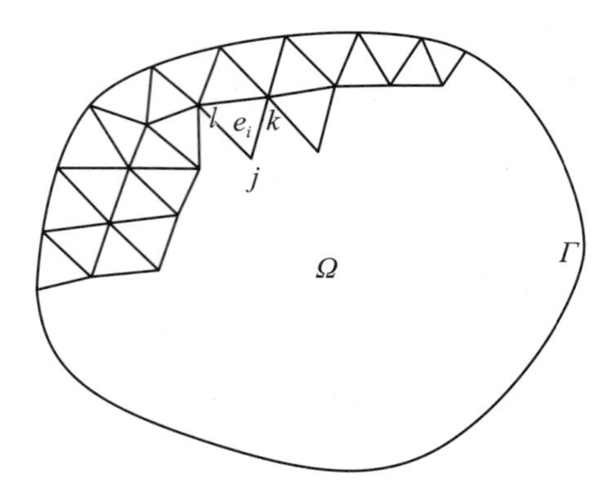

图 5.2　三角形单元剖分示意图

说明：e_i 代表三角形单元，其三个顶点分别用（j，k，l）表示。Ω 代表求解区域，Γ 代表求解区域的边界。

把区域 Ω 分割成一系列三角形单元的组合。三角形剖分在几何上有很大的灵活性，对边界的逼近程度较好。三角形的顶点称为节点。进行三角形剖分时应注意以下几点：

（1）每个单元的顶点只能是相邻单元的顶点，不能在相邻单元的边上。

（2）尽量避免出现大的钝角和大的长边，否则会带来较大的误差。

（3）一般在函数变化较剧烈的地方，单元网格要密一些。而在变化较小的地方，单元网格可以相对稀疏些。

（4）将全区域的单元统一编号，记为 e_i（$i=1$，2，…，N_E），N_E 为单元总数。对于节点，也需要按照一定的顺序统一编号，记为 p_i（$i=1$，2，…，N_P），N_P 为节点总数。节点的编号应尽可能使同一单元内的节点序号接近，因为节点序号的差值决定了总体刚度矩阵的带宽。

3. 确定单元基函数

对每个三角形单元采用线性插值，相当于在这个局域范围内，场可以看作是近似均匀的。线性函数的一般形式为

$$u(x,y)=ax+by+c \tag{5.39}$$

式中，a、b、c 为三个待定常数。为了确定线性插值的具体形式，需要给出三角形单元三个顶点处的函数值。对于单元 e_i，三个顶点（j，k，l）的函数值可以表示为

$$\begin{cases} u(x_j,y_j)=ax_j+by_j+c=u_j \\ u(x_k,y_k)=ax_k+by_k+c=u_k \\ u(x_l,y_l)=ax_l+by_l+c=u_l \end{cases} \tag{5.40}$$

这里（j，k，l）按逆时针排序。求解上面的方程组可得

$$a=\frac{1}{2\Delta_{e_i}}\left(\begin{vmatrix} y_k & 1 \\ y_l & 1 \end{vmatrix}u_j+\begin{vmatrix} y_l & 1 \\ y_j & 1 \end{vmatrix}u_k+\begin{vmatrix} y_j & 1 \\ y_k & 1 \end{vmatrix}u_l\right) \tag{5.41}$$

$$b=\frac{1}{2\Delta_{e_i}}\left(-\begin{vmatrix} x_k & 1 \\ x_l & 1 \end{vmatrix}u_j-\begin{vmatrix} x_l & 1 \\ x_j & 1 \end{vmatrix}u_k-\begin{vmatrix} x_j & 1 \\ x_k & 1 \end{vmatrix}u_l\right) \tag{5.42}$$

$$c=\frac{1}{2\Delta_{e_i}}\left(\begin{vmatrix} x_k & y_k \\ x_l & y_l \end{vmatrix}u_j+\begin{vmatrix} x_l & y_l \\ x_j & y_j \end{vmatrix}u_k+\begin{vmatrix} x_j & y_j \\ x_k & y_k \end{vmatrix}u_l\right) \tag{5.43}$$

式中

$$\Delta_{e_i}=\frac{1}{2}\begin{vmatrix} x_j & y_j & 1 \\ x_k & y_k & 1 \\ x_l & y_l & 1 \end{vmatrix}$$

为单元 e_i 的三角形面积。单元 e_i 上的线性插值函数可以表示为

$$u_{e_i}=N_j(x,y)u_j+N_k(x,y)u_k+N_l(x,y)u_l \tag{5.44}$$

式中，$N_s(x,y)$（$s=j$，k，l）为单元 e_i 上每个顶点的线性插值基函数。

$$\begin{aligned} N_j &=\frac{1}{2\Delta_{e_i}}\left(\begin{vmatrix} y_k & 1 \\ y_l & 1 \end{vmatrix}x-\begin{vmatrix} x_k & 1 \\ x_l & 1 \end{vmatrix}y+\begin{vmatrix} x_k & y_k \\ x_l & y_l \end{vmatrix}\right) \\ &=\frac{1}{2\Delta_{e_i}}(\alpha_j x+\beta_j y+\gamma_j) \end{aligned} \tag{5.45}$$

式中

$$\alpha_j=\begin{vmatrix} y_k & 1 \\ y_l & 1 \end{vmatrix}$$

$$\beta_j=-\begin{vmatrix} x_k & 1 \\ x_l & 1 \end{vmatrix}$$

$$\gamma_j=\begin{vmatrix} x_k & y_k \\ x_l & y_l \end{vmatrix}$$

设 $U_{e_i}^{\mathrm{T}}=(u_j,\ u_k,\ u_l)^{\mathrm{T}}$，$N_{e_i}=(N_j,\ N_k,\ N_l)$，则

$$u_{e_i}=N_{e_i}U_{e_i} \tag{5.46}$$

式（5.46）分别对 x 和 y 求偏导可得

$$\nabla u_{e_i} = \begin{pmatrix} \dfrac{\partial u_{e_i}}{\partial x} \\ \dfrac{\partial u_{e_i}}{\partial y} \end{pmatrix} = \begin{pmatrix} \dfrac{\partial N_j}{\partial x} & \dfrac{\partial N_k}{\partial x} & \dfrac{\partial N_l}{\partial x} \\ \dfrac{\partial N_j}{\partial y} & \dfrac{\partial N_k}{\partial y} & \dfrac{\partial N_l}{\partial y} \end{pmatrix} U_{e_i} = \frac{1}{2\Delta_{e_i}} \begin{pmatrix} \alpha_j & \alpha_k & \alpha_l \\ \beta_j & \beta_k & \beta_l \end{pmatrix} U_{e_i} = BU_{e_i} \tag{5.47}$$

4. 确定单元刚度矩阵和单元载荷向量

将泛函式（5.38）的积分近似表示为各单元的积分之和，即

$$J[u] = \sum_{i}^{n} J_{e_i}[u_{e_i}] \tag{5.48}$$

式中

$$\begin{aligned} J_{e_i}[u_{e_i}] &= \frac{1}{2}\iint_{e_i}\left[\left(\frac{\partial u_{e_i}}{\partial x}\right)^2 + \left(\frac{\partial u_{e_i}}{\partial y}\right)^2\right]\mathrm{d}x\mathrm{d}y - \iint_{\Omega} u_{e_i} f \mathrm{d}x\mathrm{d}y \\ &= \frac{1}{2}\iint_{e_i}(BU_{e_i})^{\mathrm{T}}(BU_{e_i})\mathrm{d}x\mathrm{d}y - \iint_{\Omega}(N_{e_i}U_{e_i})^{\mathrm{T}} f \mathrm{d}x\mathrm{d}y \\ &= \frac{1}{2}U_{e_i}^{\mathrm{T}}\left(\iint_{e_i} B^{\mathrm{T}}B\mathrm{d}x\mathrm{d}y\right)U_{e_i} - U_{e_i}^{\mathrm{T}}\iint_{\Omega} N_{e_i}^{\mathrm{T}} f \mathrm{d}x\mathrm{d}y \\ &= \frac{1}{2}U_{e_i}^{\mathrm{T}}K_{e_i}U_{e_i} - U_{e_i}^{\mathrm{T}}F_{e_i} \end{aligned} \tag{5.49}$$

这样，单元 e_i 的泛函为

$$J_{e_i}[u_{e_i}] = \frac{1}{2} U_{e_i}^{\mathrm{T}} K_{e_i} U_{e_i} - U_{e_i}^{\mathrm{T}} F_{e_i} \tag{5.50}$$

式中，K_{e_i} 为单元刚度矩阵。

$$K_{e_i} = \iint_{e_i} B^{\mathrm{T}}B\mathrm{d}x\mathrm{d}y = \Delta_{e_i}[B]^{\mathrm{T}}[B] = \begin{pmatrix} K_{jj}^e & K_{jk}^e & K_{jl}^e \\ K_{kj}^e & K_{kk}^e & K_{kl}^e \\ K_{lj}^e & K_{lk}^e & K_{ll}^e \end{pmatrix} \tag{5.51}$$

式中，刚度系数为

$$K_{st}^e = \Delta_{e_i}\left(\frac{\partial N_s}{\partial x}\frac{\partial N_t}{\partial x} + \frac{\partial N_s}{\partial y}\frac{\partial N_t}{\partial y}\right) = \frac{1}{4\Delta_{e_i}}(\alpha_s\alpha_t + \beta_s\beta_t), \quad s,t = j,k,l \tag{5.52}$$

单元载荷向量为

$$F_{e_i} = \iint_{e_i} N_{e_i}^{\mathrm{T}} f \mathrm{d}x\mathrm{d}y = (F_j^e, F_k^e, F_l^e)^{\mathrm{T}} \tag{5.53}$$

$$F_s^e = \iint_{e_i} N_s f \mathrm{d}x\mathrm{d}y \quad (s = j,k,l) \tag{5.54}$$

5. 总体合成

上面只分析了单元 e_i，得到了单元刚度矩阵和单元载荷向量。现在需要

将求解区域从单元扩展到整个求解区域，也就是需要将单元刚度矩阵和单元载荷向量分别扩展为 $N_P \times N_P$ 阶矩阵和 N_P 维向量，即

$$K_{e_i} = \begin{pmatrix} & \vdots & & \vdots & & \vdots & \\ \cdots & K_{jj}^e & \cdots & K_{jk}^e & \cdots & K_{jl}^e & \cdots \\ & \vdots & & \vdots & & \vdots & \\ \cdots & K_{kj}^e & \cdots & K_{kk}^e & \cdots & K_{kl}^e & \cdots \\ & \vdots & & \vdots & & \vdots & \\ \cdots & K_{lj}^e & \cdots & K_{lk}^e & \cdots & K_{ll}^e & \cdots \\ & \vdots & & \vdots & & \vdots & \end{pmatrix}$$

$$F_{e_i} = \begin{pmatrix} \vdots \\ F_j^e \\ \vdots \\ F_k^e \\ \vdots \\ F_l^e \\ \vdots \end{pmatrix}$$

泛函可以表示为

$$J[u] = \sum_i^{N_E} J_{e_i}[u_{e_i}] = \sum_i^{N_E} \frac{1}{2} U_{e_i}^{\mathrm{T}} K_{e_i} U_{e_i} - \sum_i^{N_E} U_{e_i}^{\mathrm{T}} F_{e_i} = \frac{1}{2} U^{\mathrm{T}} K U - U^{\mathrm{T}} F \tag{5.55}$$

式中，K 和 F 分别为总体刚度矩阵和总体载荷向量。

$$K = \sum_i^{N_E} K_{e_i} \tag{5.56}$$

$$F = \sum_i^{N_E} F_{e_i} \tag{5.57}$$

求解区域内的全部节点值的列向量为

$$U = (u_1, u_2, \cdots, u_{N_P})^{\mathrm{T}} \tag{5.58}$$

这里还需要将三角形顶点序号转化为整个求解区域网格节点序号，给出单元顶点编号与总的节点编号的对应关系，将泛函表示为总的节点的求和，即

$$\begin{aligned} J[u] &= \sum_i^{N_E} J_{e_i}[u_{e_i}] = \sum_i^{N_E} \frac{1}{2} U_{e_i}^{\mathrm{T}} K_{e_i} U_{e_i} - \sum_i^{N_E} U_{e_i}^{\mathrm{T}} F_{e_i} \\ &= \sum_{m,n}^{N_P} \frac{1}{2} K_{m,n} u_m u_n - \sum_m^{N_P} F_m u_m \end{aligned} \tag{5.59}$$

根据变分原理，把求解式（5.36）转化为泛函求极值的变分问题。根据

$$\frac{\delta J[u]}{\partial u_i}=0, \quad i=1,2,\cdots,n \tag{5.60}$$

可得

$$\frac{\delta}{\partial u_i}\left(\sum_{m,n}^{N_P}\frac{1}{2}K_{m,n}u_m u_n-\sum_{m}^{N_P}F_m u_m\right)=0 \tag{5.61}$$

这里

$$\frac{\delta u_m}{\partial u_i}=\delta_{mi}=\begin{cases}1, & m=i\\ 0, & m\neq i\end{cases}$$

式（5.61）左边第一项为

$$\begin{aligned}\frac{\delta}{\partial u_i}\left(\sum_{m,n}^{N_P}\frac{1}{2}K_{m,n}u_m u_n\right)&=\frac{1}{2}\sum_{m,n}^{N_P}K_{m,n}(u_m\delta_{ni}+u_n\delta_{mi})\\&=\frac{1}{2}\left(\sum_{m=1}^{N_P}K_{m,i}u_m+\sum_{n=1}^{N_P}K_{i,n}u_n\right)\\&=\sum_{m=1}^{N_P}K_{m,i}u_m\end{aligned} \tag{5.62}$$

式（5.61）左边第二项为

$$\frac{\delta}{\partial u_i}\left(\sum_{m}^{N_P}F_m u_m\right)=\sum_{m}^{N_P}F_m\delta_{mi}=F_i \tag{5.63}$$

这样就得到了有限元方程

$$\frac{\delta J[u]}{\partial u_i}=\sum_{m=1}^{N_P}K_{m,i}u_m-F_i=0, \quad i=1,2,\cdots,n \tag{5.64}$$

矩阵形式为

$$KU=F \tag{5.65}$$

求解该方程即可得离散解 $U=(u_1,u_2,\cdots,u_{N_P})^{\mathrm{T}}$。

对于第一类非齐次的边值条件

$$u|_\Gamma=u_0(x,y)$$

处理方式与求解区域内的点一样，在边界点也引进基函数，计算公式完全相同。假定区域内的节点和边界点的总个数为 $n+m$，可得到 u_1，u_2，…，u_{n+m} 所满足的线性代数方程组（5.65）。

假设有 m 个边界节点、n 个内节点。为方便起见，在节点编号时，把边界上的节点排在最前面。这样，方程组（5.65）中的矩阵可以分别表示为

$$K=\begin{pmatrix}K_{11} & K_{12}\\ K_{21} & K_{22}\end{pmatrix}$$

$$U=\begin{pmatrix}U_0\\U_1\end{pmatrix}$$

$$F=\begin{pmatrix}F_0\\F_1\end{pmatrix}$$

其中 K_{11} 是 $m\times m$ 阶矩阵，K_{22} 是 $n\times n$ 阶矩阵，U_0 和 F_0 都是 $m\times 1$ 阶矩阵，而 U_1 和 F_1 为 $n\times 1$ 阶矩阵。则求解区域内的节点的方程组可以表示为

$$K_{22}U_1=F_1-K_{21}U_0$$

式中，K_{22} 是从矩阵 K 中去掉前 m 行和前 m 列元素得到的。

为了便于编程，实际计算中，方程组（5.65）改写为

$$\begin{pmatrix}I_m & 0\\0 & K_{22}\end{pmatrix}\begin{pmatrix}U_0\\U_1\end{pmatrix}=\begin{pmatrix}u_0\\F_1-K_{21}u_0\end{pmatrix}\tag{5.66}$$

式中，I_m 是 m 阶单位矩阵；u_0 由边界 Γ 上节点 u_i（$i=1,2,\cdots,m$）的值构成，当边界条件为齐次边界条件时，$u_0=0$。

对于第二类边值条件

$$\left.\frac{\partial u}{\partial n}\right|_{\Gamma}=g(x,y)$$

式中，$\frac{\partial u}{\partial n}$ 为 Γ 的外法线方向导数，$g(x,y)$ 是给定边界 Γ 上的连续函数。椭圆型方程的泛函形式为

$$J[u]=\frac{1}{2}\iint_{\Omega}\left[\left(\frac{\partial u}{\partial x}\right)^2+\left(\frac{\partial u}{\partial x}\right)^2\right]\mathrm{d}x\mathrm{d}y-\iint_{\Omega}uf\,\mathrm{d}x\mathrm{d}y-\int_{\Gamma}gu\,\mathrm{d}s$$

式中，s 为 Γ 的弧长变量。

对于第三类边值条件

$$\left.\left(\frac{\partial u}{\partial n}+ru\right)\right|_{\Gamma}=h(x,y)$$

式中，$\frac{\partial u}{\partial n}$ 为 Γ 的外法线方向导数，$h(x,y)$ 是给定边界 Γ 上的连续函数。椭圆型方程的变分形式为

$$J[u]=\frac{1}{2}\iint_{\Omega}\left[\left(\frac{\partial u}{\partial x}\right)^2+\left(\frac{\partial u}{\partial y}\right)^2\right]\mathrm{d}x\mathrm{d}y-\iint_{\Omega}uf\,\mathrm{d}x\mathrm{d}y+\int_{\Gamma}(ru^2-2hu)\mathrm{d}s$$

对于非齐次边界条件的微分方程的边值问题，第一类边界条件也称为强制边界条件，在求解泛函变分时，这类边界条件作为约束条件引入有限元方程中。而第二类和第三类边界条件也称为自然边界条件，这类边界条件已经包含在泛函里，在求泛函变分时自动得到满足。

习题

用有限元方法求解拉普拉斯方程

$$\begin{cases} -\Delta u = 0, & (x,y) \in [0,1] \\ u(x,0) = u(x,1) = 0, & u(0,y) = u(1,y) = 1 \end{cases}$$

参考文献

1. D. Frenkel and B. Smit. Understanding Molecular Simulation：From Algorithms to Applications. 2nd edition. 影印本. 北京：世界图书出版公司北京分公司，2010.
2. W. H. Press，S. A. Teukolsky，W. T. Vetterling and B. P. Flannery. Numerical Recipes：The Art of Scientific Computing. 3rd edition. Cambridge，UK：Cambridge University Press，2007.
3. M. P. Allen and D. J. Tildesley. Computer Simulation of Liquids. Oxford，UK：Oxford University Press，1987.
4. M. P. Allen and D. J. Tildesley. Computer Simulation of Liquids. 2nd edition. Oxford，UK：Oxford University Press，2017.
5. D. C. Rapaport. The Art of Molecular Dynamics Simulation. 2nd edition. Cambridge，UK：Cambridge University Press，2004.
6. N. J. Giordano and H. Nakanishi. Computational Physics. 2nd edition. 影印本. 北京：清华大学出版社，2007.
7. T. Pang. An Introduction to Computational Physics. 2nd edition. 北京：世界图书出版公司北京分公司，2011.
8. X. Z. Li and E. G. Wang. Computer Simulations of Molecules and Condensed Matters：From Electronic structures to Molecular Dynamics. Beijing：Peking University Press，2014.
9. M. S. Daw and M. I. Baskes. Embedded-atom method：derivation and application to impurities，surfaces，and other defects in metal. Physical Review B，1984，29(12)：6443 - 6453.
10. F. H. Stillinger and T. A. Weber. Computer simulation of local order in condensed phases of silicon. Physical Review B，1985，31(8)：5262 - 5271.
11. H. C. Andersen. Molecular dynamics simulations at constant pressure and/or temperature. The Journal of Chemical Physics，1980，72(4)：2384 - 2393.
12. N. Metropolis，A. W. Rosenbluth，M. N. Rosenbluth，A. H. Teller and E. Teller. Equation of State calculations by fast computing machines. The Journal of Chemical Physics，1953，21(6)：1087 - 1092.
13. K. A. Fichthorn and W. H. Weinberg. Theoretical foundations of dynamical Monte Carlo simulations. The Journal of Chemical Physics，1991，95(2)：1090 - 1096.

14. T. A. Witten and L. M. Sander. Diffusion-limited aggregation, a kinetic critical phenomenon. Physical Review Letters, 1981, 47(19): 1400 - 1403.

15. J. P. Hansen and I. R. McDonald. Theory of Simple Liquids. 3rd edition. London, UK: Academic Press Limited, 2006.

16. D. P. Landau and K. Binder. A Guide to Monte Carlo Simulations in Statistical Physics. Cambridge, UK: Cambridge University Press, 2000.

17. Z. Zhang and M. G. Lagally. Atomistic processes in the early stages of thin-film growth. Science, 1997, 276: 377 - 383.

18. M. Z. Li, P. -W. Chung, E. Cox, C. J. Jenks, P. A. Thiel and J. W. Evans. Exploration of complex multilayer film growth morphologies: STM analysis and predictive atomistic modeling. Physical Review B, 2008, 77: 033402.

19. A. B. Bortz, M. H. Kalos and J. L. Lebowitz. A new algorithm for Monte Carlo simulations of Ising spin systems. Journal of Computational Physics, 1975, 17(1): 10 - 18.

20. H. Eyring. The activated complex in chemical reactions. The Journal of Chemical Physics, 1935, 3(2): 107 - 115.

21. J. H. Mathews and K. D. Fink. Numerical Methods Using MATLAB. 4th edition. 周璐，陈渝，钱方，等，译. 北京：电子工业出版社，2010.

22. 马文淦. 计算物理学. 北京：科学出版社，2005.

23. 张平文，李铁军. 数值分析. 北京：北京大学出版社，2007.

24. 徐萃薇，孙绳武. 计算方法引论. 3 版. 北京：高等教育出版社，2007.

25. 徐士良. 数值分析与算法. 北京：机械工业出版社，2007.

26. 彭芳麟. 计算物理基础. 北京：高等教育出版社，2009.

27. 刘金远，段萍，鄂鹏. 计算物理学. 北京：科学出版社，2012.

28. 单斌，陈征征，陈蓉. 材料学的纳米尺度计算模拟：从基本原理到算法实现. 武汉：华中科技大学出版社，2015.

29. 邢辉，董祥雷，孙东科，韩永生. 计算物理学. 北京：科学出版社，2022.

30. 国家自然科学基金委员会，中国科学院. 中国学科发展战略·计算物理学. 北京：科学出版社，2022.

31. W. K. Liu, S. Li, H. S. Park. Eighty years of the finite element method: birth, evolution, and future. Archives of Computational Methods in Engineering, 2022, 29: 4431 - 4453.

32. 李庆扬，王能超，易大义. 数值分析. 5 版. 北京：清华大学出版社，2008.

33. 陆金甫，关治. 偏微分方程数值解法. 3 版. 北京：清华大学出版社，2016.

图书在版编目（CIP）数据

计算物理学 / 李茂枝等编著 . -- 北京 ： 中国人民大学出版社，2024.1
新编 21 世纪物理学系列教材
ISBN 978-7-300-32285-8

Ⅰ. ①计… Ⅱ. ①李… Ⅲ. ①物理学－数值计算－计算方法－高等学校－教材 Ⅳ. ①O411

中国国家版本馆 CIP 数据核字（2023）第 210758 号

新编 21 世纪物理学系列教材
计算物理学
李茂枝　季　威　郭　茵　卢仲毅　编著
Jisuan Wulixue

出版发行	中国人民大学出版社		
社　　址	北京中关村大街 31 号	**邮政编码**	100080
电　　话	010－62511242（总编室）		010－62511770（质管部）
	010－82501766（邮购部）		010－62514148（门市部）
	010－62515195（发行公司）		010－62515275（盗版举报）
网　　址	http://www.crup.com.cn		
经　　销	新华书店		
印　　刷	北京七色印务有限公司		
开　　本	787 mm×1092 mm　1/16	**版　　次**	2024 年 1 月第 1 版
印　　张	8.25 插页 1	**印　　次**	2024 年 1 月第 1 次印刷
字　　数	143 000	**定　　价**	35.00 元

中国人民大学出版社　理工出版分社

教师教学服务说明

中国人民大学出版社理工出版分社以出版经典、高品质的统计学、数学、心理学、物理学、化学、计算机、电子信息、人工智能、环境科学与工程、生物工程、智能制造等领域的各层次教材为宗旨。

为了更好地为一线教师服务，理工出版分社着力建设了一批数字化、立体化的网络教学资源。教师可以通过以下方式获得免费下载教学资源的权限：

★ 在中国人民大学出版社网站 www.crup.com.cn 进行注册，注册后进入“会员中心”，在左侧点击“我的教师认证”，填写相关信息，提交后等待审核。我们将在一个工作日内为您开通相关资源的下载权限。

★ 如您急需教学资源或需要其他帮助，请加入教师 QQ 群或在工作时间与我们联络。

中国人民大学出版社　理工出版分社

教师 QQ 群： 477719063（物理学教师交流群）
教师群仅限教师加入，入群请备注（学校+姓名）

联系电话： 010-62511967，62511076

电子邮箱： lgcbfs@crup.com.cn

通讯地址： 北京市海淀区中关村大街 31 号中国人民大学出版社 507 室（100080）